I0070717

Autor de Neotomismo, Mecanicismo y Diseño Inteligente

HILOMORFISMO

De la Teleología al Diseño Inteligente en Biología

FERNANDO RUIZ REY

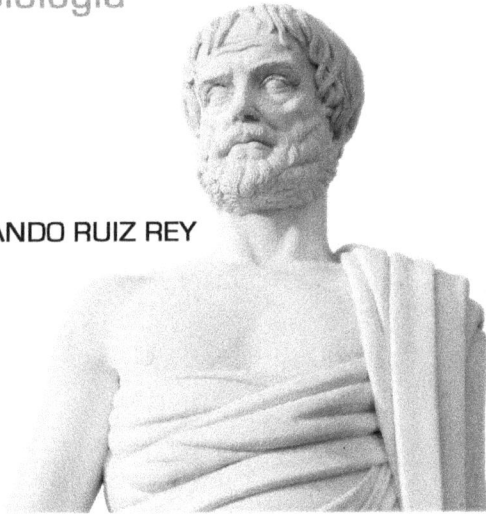

HILOMORFISMO: *De la Teleología al Diseño Inteligente en Biología*

Por Fernando Ruiz Rey
Médico psiquiatra. Raleigh, NC. USA

Copyright (Derechos de Reproducción)
© Junio 10, 2016 – Fernando Ruiz Rey

Todos los derechos reservados. Ninguna parte de este libro puede ser reproducida ni utilizada en manera alguna ni por ningún medio, sea electrónico o mecánico, de fotocopia o de grabación, ni mediante ningún sistema de almacenamiento y recuperación de información, sin permiso por escrito del editor/escritor.

ISBN-13: 978-0692739396 (OIACDI)
ISBN-10: 0692739394

Fecha de publicación: Junio 10, 2016
Filosofía de Ciencia

Diseño de portada e interior: Mario A. Lopez

Impreso y encuadernado en Estados Unidos de América.

OIACDI

Organización Internacional para el avance científico del Diseño Inteligente

INDICE

NOTA PRELIMINAR

Los vocablos teleología y diseño suelen considerarse similares, a veces, casi equivalentes. Pero esta manera de entenderlos causa confusión, porque teleología es un término que, en la historia de la filosofía y, en algunos sectores intelectuales aristotélico-tomistas en la actualidad, se refiere al orden teleológico de una concepción metafísica particular, que debe distinguirse claramente de lo que es un diseño en general, y particularmente del Diseño inteligente. Esta imprecisión se ve reflejada en frecuentes críticas, e interminables y estériles polémicas realizadas por autores que no se atienen con rigor a las diferencias conceptuales de la tesis de la teleología en la tradición aristotélico-tomista (A-T) y de la Tesis del Diseño inteligente (TDI).

Este trabajo es el resultado de un esfuerzo realizado para clarificar estos enmarañados debates, y disipar la bruma que oscurece la frontera entre estas tesis, con propósitos y metodologías diferentes. Esta es una tarea compleja y difícil de realizar sin ser especialista en estas materias; sin embargo, y a pesar de esta limitación, he decidido publicar estos artículos para compartir información y reflexiones con aquellos lectores –no expertos--, que se interesan en entender lo que se entiende por teleología y por Diseño inteligente. Estoy consciente que en este trabajo hay algunas repeticiones, pero no las he evitado, precisamente porque he pensado que los temas de carácter filosófico, tal vez no son muy conocidos por los lectores, y porque he querido enfatizar ciertos puntos que estimo importantes de tener claro para orientarse en los debates, controversias y críticas que se encuentran en la literatura.

Es precisamente por el propósito con que se publica ese trabajo, que lo comienzo con dos apartados de carácter filosófico, se trata de bosquejos de la metafísica y concepción de la teleología en Aristóteles, y de la Síntesis realizada por Santo Tomás de Aquino, naturalmente centrado en lo que considero más relevante para el entendimiento de las fricciones entre las tesis mencionadas. Quizás se pueda pensar que me extiendo excesivamente en estos bosquejos, pero lo he encontrado necesario para dar una idea un poco más amplia de la visión metafísica de estos filósofos, y de la tradición que inician: filosofía aristotélico-tomista (neotomismo). Naturalmente, la lectura de estos dos apartados no es necesaria para aquellos lectores conocedores de estas filosofías.

Esta exposición del tema que nos ocupa, incluye una presentación de la noción de teleología en Aristóteles y en Santo Tomás, y señala las modificaciones que sufre con la revolución científica del Siglo XVII, en la que el término teleología pasa a tener un sentido más bien descriptivo de organización –de orden teleológico--, en ciencia, quedando la concepción metafísica reducida a la filosofía aristotélica-tomista que perdura hasta nuestros días.

En el desarrollo de este estudio me detengo en un apartado en la obra del obispo anglicano del Siglo XVIII, William Paley, que ha sido, y es, objeto de estudio y críticas por su concepción de las estructuras biológicas, y es considerado por sus opositores como un precedente de la TDI, en el sentido de estimar estas estructuras como artefactos. Esta concepción de los seres vivos y de su configuración estructural, es uno de los temas centrales en los debates que mantienen los adherentes a la tesis de la teleología tradicional metafísica y los defensores del Diseño inteligente. Para facilitar la comprensión de este debate en particular, se revisa lo que se significa por artefacto y sus diferencias metafísicas con los objetos naturales, de acuerdo a la tradición aristotélico tomista.

Presento brevemente la Tesis del Diseño Inteligente para continuar luego con los desafíos que presenta para la ciencia naturalista dogmática, y prosigo, con la exposición de las críticas que se han hecho a la TDI, desde la metafísica, con las aclaraciones y correcciones que estimo relevantes y necesarias, y señalando el desafío que representa para la metafísica aristotélico tomista. En la última sección de este trabajo, me refiero a los esfuerzos realizados para entender y explicar la unidad funcional de los organismos vivos, su constante ajuste y adaptabilidad, y su capacidad de corrección de errores y mantención; en este sentido comento los avances realizados en cibernética, y la esperanza depositada en la información. Señalo las limitaciones de la ciencia en su capacidad de resolver esta incógnita, y las ventajas que ofrece la metafísica a este respecto, al no sufrir las restricciones metodológicas a las que está sometida la actividad científica. Sostengo también, que la metafísica aristotélico-tomista es potencialmente complementaria a la TDI, una vez que se superen rigideces y entusiasmos desmedidos en algunos adherentes a ambas tesis; en todo caso subrayo, que la TDI está abierta a las posturas metafísicas que acepten la evidencia de acción inteligente que se muestra en algunas estructuras biológicas de 'orden teleológico', en el estudio científico de la biología.

Para terminar quiero agradecer a OIACDI y a sus directores, Mario A. López, Cristian Aguirre y Felipe Aizpún, por la acogida y apoyo que han mostrado a mis esfuerzos por compenetrarme de la importancia y significado de la Tesis del Diseño Inteligente para la ciencia y la cultura; y por su invaluable ayuda en la publicación de algunos de mis trabajos. Agradezco particularmente a Felipe Aizpún (comunicación personal: e-mails) por sus incisivos comentarios acerca de la relación de la TDI con la filosofía y la biología, que me han sido de gran utilidad para este estudio.

Raleigh, NC. USA.
Junio del 2016.

Capítulo I

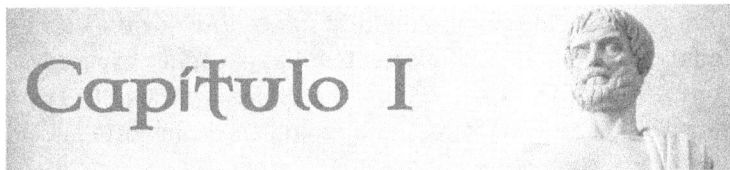

BOSQUEJO DE LA METAFÍSICA Y DE LA TELEOLOGÍA DE ARISTÓTELES

Teoría hilomórfica

La estabilidad y el cambio que exhiben los objetos naturales fueron objeto de reflexión para los filósofos griegos. Varios pensadores tomaron una perspectiva materialista –atomista (Leucipo, Demócrito) o de elementos básicos (Empédocles, Anaxagoras)-- para explicar las características de estos objetos, otros adoptaron un entendimiento más bien formal (Platón). Aristóteles en cambio, reúne ambas perspectivas en una totalidad orgánica, y desarrolla la teoría hilomórfica. Con esta visión metafísica de la realidad, intenta dar cuenta del cambio que sufren estos objetos en el curso del tiempo, conservando su estabilidad en cuanto tales, y también para lograr acceso al conocimiento de la verdad, que es general y universal.

La *teoría hilomórfica* o como también se le llama, hilemorfismo, es una concepción –descripción-, metafísica de la realidad natural, que comienza su historia con el filósofo griego Aristóteles (384-322), y llega hasta nuestros días, particularmente en las corrientes filosóficas aristotélico-tomistas (neo-tomistas). La palabra hilomorfismo es un compuesto de dos términos: *'hylé'*, que en griego se refiere a *materia*, y *'morphé'*, a *forma*. Estos elementos metafísicos, la *forma* y la *materia*, al unirse, la forma pasa a constituirse en la *forma substancial*, conformando, la *substancia*, que es el *ser* de cada cosa. Con estos elementos básicos que explican la constitución de los objetos naturales, y las leyes y características metafísicas que complementan esta visión metafísica, se va a desarrollar la *filosofía de la naturaleza*, lejana y distante precursora de las ciencias de la naturaleza de nuestra época.

Para Aristóteles entonces, un objeto natural está compuesto de 'materia' y 'forma' -- la *forma* es lo que determina la *materia* informe--, dos componentes íntimamente complementados en la unidad indisoluble del *ser*. Estos dos componentes dependiente el uno del otro, explican el 'ser' del objeto, lo que este es, en cuanto el objeto que es; lo que es en concreto, es su *naturaleza*. Con esta conceptualización para entender las cosas, se logra su inteligibilidad, y se hace posible su estudio racional. Para Aristóteles la *forma* de los seres vivos constituye el **alma**, que es su **principio vital** (*entelequia*: perfección de su actualidad viviente), y distingue: el *alma vegetativa*, que se encuentra en plantas y animales inferiores, y asegura las funciones vitales esenciales; el *alma sensitiva*, que se encuentra en los animales y otorga además de lo anterior, impulsos y apetitos corporales, y un conocimiento elemental; y, *alma intelectiva o racional*, que solo se encuentra en los seres humanos, y cubre todas las funciones biológicas, y las intelectivas propias del hombre. La *forma* –alma--, de los seres animados, es responsable de la acción y dirección de las cuatro causas que movilizan a los objetos naturales para su actualización, su meta natural: su bien, para los seres animados. En lo que respecta a los objetos inanimados, las piedras, el aire, el agua, presentan ciertas características de acción en ciertas circunstancias, una acción que se repite cada vez que presentan esas circunstancias; se podría aún decir, que esta acción representa también una meta, el fin de su ser.

Pero lo que no se puede sostener –razonablemente-- es que esa acción es beneficiosa para su *propio bien* como sucede en los objetos animados en los que el fin de toda su actualización es vivir –desenvolverse--, en un ambiente, y propagarse.

El *ser* del objeto natural –unión *forma y materia*--, es lo que se denomina **substancia** ('lo que está debajo de'), esta es lo que primariamente existe y persiste, ontológicamente se basta a sí misma. Se denomina *sustancia primera* a esta sustancia de un objeto que existe; pero también se habla de *sustancia segunda* para referirse a las características destacadas de esa sustancia, aquello que se dice de esa sustancia primera; esta sustancia segunda viene a ser la 'especie' a la que pertenece, y que contiene a la sustancia primera, y corresponde a la *esencia*: aquello en que consiste su qué. La noción de esencia se refiere en general en filosofía --desde Aristóteles--, a lo que una cosa es (no al hecho que sea), lo que permite identificarla a través del tiempo, y de los cambios sucesivos que muestra, y lo que permite definirla y distinguirla. La esencia es entonces el núcleo de cualidades intrínsecas e inmutables de lo que las cosas son; el verdadero conocimiento consiste en aprehender la esencia de las cosas, lo universal. Sin embargo, el uso del término esencia en Aristóteles no resulta claro, y su sentido y relación con la substancia han sido motivo de distintas interpretaciones por diversos filósofos (Ferrater Mora, 2004: esencia). Aristóteles habla además de otro tipo de sustancias, lo que agrega más dificultades conceptuales y diversidad de interpretaciones a este tema.

La *forma* (*eidos* o *morphé*) conforma la *materia* –informe--, organizando y regulando el movimiento de las sustancias, y las hace ser lo que son, les otorga sus características. Aristóteles explica (Metafísica, libro V, VII): "...la sustancia es la causa intrínseca de la existencia de los seres...", y les da "... el carácter propio de cada ser, carácter cuya noción es la definición del ser, y permite identificarla a través del tiempo del objeto." Esto es, la *esencia*, que constituye un 'universal' – real—, que se muestra en la concretidad de los objetos naturales, en la naturaleza de los objetos naturales, y permite identificarlos en lo que son: su esencia; por ejemplo: un gato particular, es una sustancia, y es gato, porque comparte la esencia universal de gato (universal real). El entendimiento de la esencia de las cosas consiste en el conocimiento, y el conocimiento de lo esencial y universal, es ante todo la ciencia de lo que hace que las cosas sean lo que son (ciencia del "ser": *filosofía primera*). (Ferrater Mora, 2004: Aristóteles) Estos conceptos aristotélicos de *forma* y *materia*, constitutivos de la *sustancia* –al igual que otros que tratamos en este trabajo—y de sus relaciones y alcances, son objeto de distintas interpretaciones y de controversia entre los estudiosos de Aristóteles.

Accidentes

La sustancia es lo que un objeto natural es necesariamente, pero de ese objeto también se pueden predicar distintos modos de ser que no son necesarios para su mismidad (esencia), sino que son atributos accidentales de su naturaleza; los llamados '*accidentes*'. Por ejemplo, podemos predicar, 'este gato es negro'; aquí la palabra gato apunta a la sustancia del gato concreto, y negro es un accidente, los gatos pueden ser de muchos colores. En palabras del filósofo: "Accidente se dice de lo que se encuentra en un ser y puede afirmarse con verdad, pero no es sin embargo, ni necesario ni ordinario"…"El accidente se produce, existe, pero no tiene la causa en sí mismo, y solo existe en virtud de otra cosa." (Aristóteles. Metafísica, libro V, 30.) Se llama **forma accidental** a la forma que determina un objeto a uno u otro modo de los modos accidentales que pueden presentar las cosas, en relación a: sustancia, cantidad, cualidad, relación, lugar, tiempo, posición, posesión, acción y pasión; estas son las **Categorías**: lo que se dice –predica--, de una cosa en cuanto a modos –generales--, de ser. La lista de categorías no es fija para Aristóteles, y su interpretación no es unívoca.

Cambios

Aristóteles incluye varias modalidades de cambio natural en los objetos, como cambio cualitativo, cuantitativo y de lugar que son cambios accidentales, pero el más fundamental es el cambio sustancial. Todos los cambios naturales que experimenta un objeto, son dependientes de la forma, de la forma substancial. Según este filósofo, las cosas cambian entonces, por naturaleza, porque tienen la capacidad intrínseca de cambiar: "...la naturaleza es un principio y una causa de movimiento y de reposo para la cosa en la que reside inmediatamente, por esencia y no por accidente." *(Aristóteles, Física, libro II, 1) De modo que la capacidad de cambio es intrínseca –esencial--, en los objetos naturales, y también lo es la capacidad de reposo. Pero para que sea posible un cambio tiene que haber un sustrato que cambia de un estado a otro, y ese sujeto de cambio, es la sustancia, que pasa de un estado formal a otro; de modo que el sustrato profundo persistente es básicamente la materia, ya que en los cambios, la forma va mudando a otras que conforman la sustancia cambiante (la materia otorga la estabilidad). La sustancia cambia, pero permanece como una estabilidad al cambio –permanece en existencia--, de esta manera, evita la contradicción que implica el paso de un estado de ser, a otro distinto: del ser algo, a no serlo; y del no ser algo, a serlo. Los objetos pueden cambiar también, no por su propia naturaleza, sino efectos externos que alteran sus cambios naturales; este* cambio forzado es ajeno a la naturaleza del objeto.

Acto y potencia

El cambio espontáneo de los objetos implica la capacidad natural --y propia, particular--, del objeto natural de pasar de un estado a otro; esto significa que el objeto tiene la **potencia:** *capacidad potencial de ser, relativa a un rango de actualidades, y de este modo, poder pasar al* **acto** *--ser actual; de ser en potencia a ser en acto. Como ejemplo podemos pensar en un niño que pasa a ser un hombre; el niño es un hombre en potencia, y el hombre adulto, es un hombre en acto. El sujeto de cambio en este ejemplo es el alma –forma--, particular de este objeto natural. Este cambio natural afecta a la sustancia, puesto que cambia su forma substancial, lográndose la* **generación** *de una nueva forma-substancial: substancia. Otros ejemplos son el paso de semilla a árbol, y también la procreación, en la que se comparte la forma de padres a hijos. Además de la generación, se tiene cambio de substancia con la corrupción o* **degeneración,** *en la muerte de un ser vivo; la generación y la degeneración no son absolutas, puesto que esto significaría, emerger de la nada, o desaparecer en la nada. (La* Filosofía en webdianoia. La Filosofía de Aristóteles; 3.2)

Teoría de las cuatro causas

Para entender más adecuada y coherentemente la idea de sustancia y sus componentes: *materia* y *forma*, y el *cambio* de los objetos naturales, es necesario revisar someramente *la teoría de las cuatro causas* de Aristóteles (causa es la traducción medieval de como se expresó el filósofo: *aitia o aition*). Para este filósofo, el hombre naturalmente busca la adquisición de sabiduría, busca la verdad: "Todos los hombres tienen por naturaleza el deseo de saber." (Aristóteles, Metafísica, libro I.) Aristóteles logra la consciencia y la evidencia de las cuatro causas que rigen el comportamiento de los objetos, haciendo cuatro preguntas esenciales que se formulan cuando se inicia una indagación cognitiva, como cuando se está frente a una estatua de bronce: ¿Qué es? (Causa formal) ¿De qué está hecha? (Causa material) ¿Cómo se realizó? (Causa eficiente) ¿Para qué? (Causa final). De este modo Aristóteles intenta entender cómo se constituyen las cosas del mundo, y como cambian, --como se mueven de un estado a otro. Este saber que se logra con el conocimiento de las causas y de los principios del *ser* (vistos más arriba), constituyen la ciencia de las cosas que son en cuanto que son, y son el objeto del análisis metafísico, que se aplica al *conocimiento científico de la* **naturaleza**; como Sánchez explica: [a] "...la naturaleza en cuanto *physis,* es decir, en cuanto principio u origen autosuficiente, que contiene su propia regulación interna en constante movimiento." (Sánchez, MM., 2014; nota: pp 71)

Aristóteles distingue cuatro causas. El primer poder causal es la **forma**, que hace que el objeto natural sea lo que es en sus propiedades inherentes. El segundo poder causal es la **materia** que provee las potencialidades que son actualizadas por la *forma* (la *materia* es un principio informe, pero posee potencialidades). La concepción hilomórfica de forma-materia y la separación de causa formal y causa material, implica que si algo es explicado en términos material o formal, estas dos causalidades son de distinta clase; la materia es causa de rasgos que aporta al compuesto hilomórfico. El tercer poder causal es la **causa eficiente,** que opera en forma directa produciendo efectos, y es responsable del movimiento – cambio--, interno de las partes de un objeto y de los cambios para su realización de acuerdo a la causa formal, y también de cambios externos por la acción sobre otros objetos; la causa eficiente también es responsable del reposo (al no realizarse). (Bodnar, I 2012) El cuarto poder causal, la **causa final** (*telos*), que es el propósito --meta--, que guía particularmente a la causa eficiente, aunque las cuatro causas forman un todo coherente en su acción causal, "...porque el bien es el fin de toda producción" (la causa final es la predominante y es como la razón de ser de la acción o cambio realizado). El bien en la producción de las partes, es por el bien de la totalidad del organismo biológico, su bienestar y reproducción. *(Aristóteles, Metafísica, libro 1, 3).*

Carácter de los principios metafísicos

Para Aristóteles los principios y causas son verdaderos y reales, no meramente estrategias lingüísticas; puesto que la postura metafísica de Aristóteles es realista y racionalista, sigue principios racionales, con el convencimiento que el intelecto es capaz de captar evidencias fundamentales en la naturaleza, gracias a la lógica que lo posibilita. De modo que para este filósofo, la 'mejor' vida (vida óptima) para los seres humanos, es aquella que se vive de acuerdo a la razón (siguiendo principios teleológicos: causa final). Los principios causales constituyen la naturaleza de los objetos naturales, de manera que la naturaleza y estos principios son equivalentes, así es posible ser accedida por el conocimiento. Entender algo e conocer sus causas; la causa final: teleología, es fundamental para la ciencia aristotélica. La teleología impregna la dinámica de la naturaleza toda, de manera que las explicaciones de la ciencia tienen que mostrar la cadena teleológica causal, que integrando los cambios materiales necesarios, explica la aparición de los objetos naturales y su funcionamiento.

Teleología

En Aristóteles *la teleología se hace evidente cuando se pregunta cuál es el sentido o meta de los procesos y rasgos observados en los objetos naturales,* particularmente los animados: construcción del nido de un pájaro, la red de una araña, etc. La teleología también es fácil de ver y entender en los artefactos construidos por los seres humanos, que los fabrican para realizar una función específica; pero Aristóteles ve la teleología en todos los objetos naturales, *todo cambio natural va guiado hacia una meta, a un fin –"causa final"--,* que se realiza para beneficio de algo (partes y totalidad de un objeto natural); esta concepción teleológica, se extiende tanto a los objetos inanimados, como a los seres vivos, para la realización de su ser y sus acciones, que en los inanimados las ejercen en ciertas circunstancias y que son repetitivas. Los cuerpos celestes no están excluidos, estos se dirigen en dirección al 'motor inmóvil' divino (la teleología a nivel cósmico es menos evidente que en biología). El esquema teleológico también lo aplica Aristóteles a la ética y a la política que se complementan mutuamente.

La causa final en los objetos naturales no es producto de intencionalidad alguna (inteligencia intrínseca), ni lo es de una proyección antropomórfica, ni tampoco es un producto de diseño externo (inteligencia extrínseca); la teleología es simplemente 'por naturaleza'. Todo lo que llega a ser, es por un cambio interno del objeto natural, dirigido a una meta: lograr su actualización; *la naturaleza como fuente de cambio actúa por el beneficio de algo, su actualización y su bien.* La naturaleza no hace nada en vano, lo hace porque es necesario o, porque es mejor.

Movimiento teleológico y motor inmóvil

En la filosofía aristotélica *el fin es un bien para la acción de las causas*, un bien, siempre y cuando esta acción teleológica, contribuya a la actualización y bienestar del objeto natural; pero si el resultado final de un proceso constante y repetitivo, no hace ningún bien a un ser vivo, no es parte de la naturaleza de ese ser vivo, sino que para este filósofo, es el resultado de una *necesidad material o espontaneidad* (de origen material); que es lo que se observa en los objetos inanimados. El bien para el movimiento –cambio--, de los seres vivos es su propio bien, pero también puede beneficiar secundariamente al hombre (teleología secundaria; ej. animales domésticos, plantas comestibles, etc.). La meta de bien, a nivel cosmológico, es lograr participar en lo eterno y divino (dios), esto es, el **motor inmóvil**, que lo mueve todo sin moverse, y constituye el ser necesario para los objetos imperfectos del mundo que están en constante movimiento. El motor inmóvil es el ser que se piensa y encuentra su fin en sí mismo: el acto y forma pura, la perfección mayor. (Aristóteles, Metafísica Libro VIII. Leunissen, ML. 2007, pp 21 (33), nota 33) Para Aristóteles la naturaleza toda está en movimiento hacia lo mejor, y dios perfecciona el universo haciendo del devenir un eterno proceso. En este sistema metafísico se establece una jerarquía de seres a partir de la *perfección del motor inmóvil*, que causa el movimiento en el universo en tanto causa final. Pero esta interpretación teleológica universal no es compartida por todos los autores, así Feser, E. (pp, 2. 2011) sostiene que este movimiento hacia dios no es una inclinación especial insertada en las cosas, dios no da órdenes, no necesita nada; de su suprema sabiduría ha emergido la naturaleza de las cosas tal como son, y es esta la responsable de todo movimiento.

Sentidos de la causa final

La aplicación de este concepto general de teleología a los diversos objetos naturales complica su comprensión, por lo que Aristóteles distingue *distintos sentidos de causa final*. Un tipo de causa final es *una sustancia natural realizada, o un artefacto completado*: casa terminada, o individuos maduros de su especie, como es un árbol de una semilla y un hombre de un niño. Otro tipo de causa final, lo constituye *una función realizada por una parte de un ser vivo* como: el moler de los molares, o realizada por un instrumento como: un cuchillo que corta (proceso de explicación de presencia y constitución de herramientas naturales y artificiales); y también la causa final como la *realización de un deseo o aspiración* proceso de deliberación). En este último tipo de fin, se trata de un proceso en el que interviene el aparato psíquico del ser humano, y es un proceso intencional de búsqueda de algo que se percibe como bueno. Muchos expertos consideran que el sentido más importante para Aristóteles era, la forma realizada como causa final (substancia natural realizada).

Modelos teleológicos

Es interesante notar que Aristóteles utiliza la creación humana artesanal/artística como análoga a su concepción de la naturaleza, y utiliza ejemplos de la producción artesanal y también del proceso de deliberación humana para, ilustrar la dirección hacia una meta que caracteriza a los procesos naturales. Según Leunissen (2007, pp 32 (44)) esta analogía indica *tres modelos teleológicos* de Aristóteles que muestran que, *la naturaleza, los artesanos* (technê: arte) y *los agentes inteligentes* que deliberan, proceden en forma similar. Los artesanos no deliberan particularmente, porque su actuar técnico es básicamente estandarizado —aplican las reglas y procedimientos establecidos--, y realizan artesanalmente lo proveniente de su ser natural. Los seres humanos son los únicos que deliberan: eligen racionalmente los medios en forma autónoma, para actuar en dirección a metas particulares elegidas; esta teleología es menos ontológica que las otras modalidades, y más susceptible de errores (los animales se mueven y actúan, pero su capacidad de deliberación es mínima). La teleología en esta filosofía, se diagnostica en base a su finalidad, la inteligencia no es propia de los procesos naturales, sí del arte y de la deliberación. De manera que la teleología se muestra, no en la disposición inteligente de sus componentes, sino que al preguntarse: "¿En beneficio de qué operan estos procesos --funciones?" La respuesta que se da es en beneficio de una meta o fin.

Esta autora señala que el filósofo analiza el proceso teleológico artesanal y el deliberativo en sus propios terrenos, y es preciso en determinar, qué partes de estos procesos son análogos a la teleología natural, teniendo cuidado de no introducir "intenciones" en la naturaleza, que pudieran estar presente en la acción artesanal, y que lo están claramente en la deliberativa; por las características de la acción humana deliberativa, esta teleología es menos didáctica que la artesanal para ilustrar la teleología natural.

Además, Leunissen es de la opinión que Aristóteles usa las analogías en forma didáctica –para ilustrar--, la teleología de los objetos naturales, pero esta teleología no depende de estas analogías. La evidencia de la teleología de los objetos naturales surge y se muestra claramente, al preguntarse *"¿En beneficio de qué operan estas partes --funciones?"* La respuesta que se da a esta indagación es: los procesos son en beneficio de una meta o fin; su organización y acciones están dirigidos a un fin. Además, con respecto a la analogía del artesano, el filósofo sostiene que la teleología de los procesos naturales es ontológicamente previa a los artefactos; de ahí la famosa sentencia: "el arte imita a la naturaleza". Sin embargo, algunos autores piensan que la teleología de los procesos naturales es derivada de la teleología de los artefactos, que son construidos para un fin específico; con esta interpretación, se sospecha que los procesos teleológicos naturales estarían contaminados con psicologismo, aunque Aristóteles es claro afirmando lo contrario, puesto que aún los animales inferiores y las plantas muestran teleología, sin poseer el desarrollo psíquico para esos efectos. A pesar de estas interpretaciones diferentes de los escritos de Aristóteles, no se puede dejar de señalar que en las analogías hay una relación íntima con respecto a las características de lo teleológico, y a su reconocimiento.

Dinámica teleológica y ciencia

La dinámica teleológica se genera por las causas operando conjunta y coherentemente, pero fundamentalmente por la causa final, que no opera desde el futuro arrastrando el proceso, sino que está implícita en la *forma* del objeto natural; cuando se logra la meta final se puede decir que causa formal y causa final son casi una. No hay que malinterpretar esta acción dirigida desde la *forma* de los objetos hacia el futuro, con una meta futura que tira activamente el desarrollo de las causas teleológicas; la teleología es una tendencia interna emanada de la forma, hacia un desarrollo específico. La teleología se contrasta con los *cambios materiales necesarios* observados en el mundo natural (estos cambios materiales externos se deben fundamentalmente a la acción de la causa material y de la causa eficiente).

La concepción teleológica de los cambios naturales se transforma para Aristóteles, en un principio y en un instrumento en la investigación biológica. La investigación biológica constituye un paradigma para el estudio científico de la naturaleza toda. *La teleología para Aristóteles constituye un principio de explicación científica*, pero la aplicación de la teleología en los estudios de los objetos naturales – particularmente de los biológicos, que son paradigmáticos en la ciencia aristotélica--, no es un principio axiomático --un *a priori* que no puede ser refutado--, sino que constituye un marco para realizar inferencias a la mejor explicación, siguiendo la búsqueda de la razón de ser de la estructura y función estudiada; se trata de un procedimiento que sigue una pauta empírica, examinando y describiendo los elementos naturales. Aristóteles alerta que estos estudios no deben limitarse a los cambios formales, no deben dejarse de lado los cambios provenientes del movimiento de la materia (fundamentalmente derivados de la causa material y de la causa eficiente): *cambios espontáneos o accidentales*. Estos cambios materiales ocurren por causas accidentales diversas que buscan un fin X, y que son habitualmente no identificables, pero que tienen efectos 'secundarios' beneficiosos que no se buscaban específicamente, de modo que *el beneficio conseguido es accidental o espontáneo*. (Leunissen, ML. 2007, pp 262 (274). Pp 47 (59))

En la teleología de los objetos naturales la fuente fundamental de la dirección a una meta es la *forma,* que junto a la *materia,* constituye la sustancia, y la naturaleza de esos objetos. Esta teleología que realiza la forma específica del objeto natural --lo esencial para que el objeto sea su naturaleza--, la llama Leunissen, (2007, pp 51 (63)) *teleología primaria,* para distinguirla de la *teleología secundaria* que es el uso de estructuras y funciones –propiedades--, no esenciales de la forma sustancial del objeto natural, pero que contribuyen al mejor funcionamiento del objeto natural; esto es posible –

explica esta autora--, porque estos materiales poseen propiedades que usa el mismo objeto natural, gracias a su naturaleza formal de aprovechar lo disponible para lo mejor; o, incluso estas propiedades pueden ser usadas por otros objetos, como es el caso del ser humano que utiliza la madera por sus propiedades naturales para construir barcos (también una teleología secundaria). De manera que Aristóteles no niega lo material, pero lo relaciona a lo formal para un fin beneficioso.

Los detalles y sutilezas de las reflexiones y análisis que realizan los expertos acerca de las ideas aristotélicas con respecto a la teleología y sus relaciones con otros dinamismos biológicos, son vastos y polémicos, su exposición naturalmente va más allá de este esbozo, que solo intenta ofrecer una visión general para el lector no especialista en estas materias. En todo caso, y a propósito de estas agudezas y dificultades que plantea la tesis aristotélica, no debe perderse de vista que los conocimientos científicos de la constitución y funcionamiento de las estructuras biológicas de nuestro tiempo, y sobre todo de los medios técnicos de observación y de análisis con que se cuenta, no estaban presentes para Aristóteles, que realizaba esfuerzos por conceptualizar la teleología en medio de factores causales 'materiales accidentales' difíciles de comprender.

Artefactos

Los artefactos en la concepción de Aristóteles no son objetos naturales, estos son generados por la capacidad creadora del hombre, solo existen por la artesanía humana. Por tanto, los artefactos no poseen *substancia,* ni tampoco *forma*, de modo que no tienen capacidad de cambio natural, solo llegan a ser lo que son por el efecto exterior de una causa eficiente (una mano, un instrumento, etc.) que toma objetos naturales con sus propiedades, para fabricar un objeto con una función específica. Los cambios que puedan ocurrir a un artefacto son también producto de la intervención humana en la configuración del artilugio; pero las partes naturales utilizadas en su construcción, conservan sus propiedades naturales (quemarse en caso de la madera, encenderse en el caso del aceite, transformarse por deterioro, etc.).

La diferencia fundamental de los artefactos con los objetos naturales, radica en estos no poseen una causa de movimiento inherente –interna--, que pueda generar su propia organización y sus cambios. La *forma* que posean no es una *forma substancial*, es una forma impuesta por el artesano, una forma externa, no natural. La *causa final* también es producto del artífice, que la determina para los fines que desea, y la causa eficiente está supeditada a estos fines, y obviamente no es natural, es impuesta, con lo que se podría entender que el constructor (o artífice) es también un fin. (Leunissen, ML. 2007, pp 22 (34)). En un objeto natural la causa formal, la causa final y la causa eficiente coinciden, trabajan desde el interior mismo del objeto natural, y son no-intencionales; no así en los artefactos, en los que estas causas son externas, se imponen sobre el componente o componentes (naturales) con los que el artesano construye su artefacto. Estas características metafísicas que distinguen los objetos naturales de los artefactos, muestran la prioridad ontológica de los objetos naturales.

Es interesante notar que como la dirección de la *meta* o *fin* proviene de la *forma* de un objeto natural, en el caso de un artefacto, la meta está determinada por el beneficio del constructor, por lo que se puede decir que este agente (natural) viene a ser como un instrumento de su propia *forma*, que se proyecta en su artesanía. En los objetos naturales, su naturaleza es ella misma el artesano que genera –realiza--, su ser. También es interesante notar que en esta concepción aristotélica, el artesano no delibera en su trabajo, ya que Aristóteles considera que las artes y los procedimientos técnicos están muy estructurados y especificados; el artesano aplica la técnica sin necesidad de deliberación, o muy poca. (Leunissen ML. 2007, pp 44 (56)

BIBLIOGRAFÍA

Aristóteles, Metafísica, http://www.filosofia.org/cla/ari/azc10.htm (Accedido: Noviembre, 2015)

Aristóteles, Física, libro II, 1. En: Aristóteles Física. Traducción y Notas: Guillermo R de Echandía. Editorial Gredos (1995) PDF.
http://www.uruguaypiensa.org.uy/imgnoticias/662.pdf (Accedido: Noviembre, 2015)

Bodnar, Istvan (2012). Aristotle's Natural Pnilosophy. Stanford Encyclopedia of Philosophy.
http://plato.stanford.edu/entries/aristotle-natphil/ (Accedido en Abril del 2016)

Ferrater Mora (2004). Diccionario de Filosofía. Editorial Ariel S.A. (2004)

Feser, Edward (2011). On Aristotle, Aquinas, and Paley: A Reply to Marie George. Evangelical Philosophical Society.
http://www.epsociety.org/library/articles.asp?pid=83 (Accedido en Abril del 2016)

La Filosofía en webdianoia. La Filosofía de Aristóteles. 2.3. La metafísica aristotélica: la teoría de la sustancia.
http://www.webdianoia.com/aristoteles/aristoteles.htm (Accedido: Noviembre, 2015)

Leunissen, Mariska Elisabeth Maria Philomena Johannes. University of Leiden 2007. Explanation and Teleology in Aristotle's Philosophy of Nature.
http://philpapers.org/rec/LEUEAT-2

Sánchez, Miguel Martí, (2014). Esencias y causas en y a través de los movimientos naturales. Desde Aristóteles y en diálogo con Alicia

Juarrero. Scientia et Fides 2(2)/2014.
http://apcz.pl/czasopisma/index.php/SetF/article/view/SetF.2014.016/4605 (Accedida en Diciembre del 2015)

Capítulo II

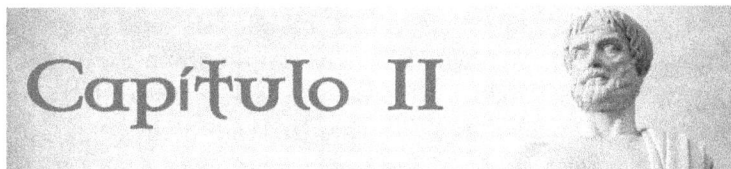

ESBOZO DE LA SÍNTESIS TOMISTA

Santo Tomás de Aquino

Santo Tomás de Aquino (1225-1274) estudia a Aristóteles y realiza la llamada *síntesis tomista* con la que asimila el aristotelismo al pensamiento cristiano, centrándose en la concepción de Dios como acto puro del ser. Desde un comienzo, Santo Tomás tuvo opositores, tanto del lado de los intelectuales de corte aristotélico que lo acusaban de desvirtuar a Aristóteles, como de los teólogos cristianos que defendían una teología de tipo agustiniano. Después de unos decenios de fuertes polémicas, el tomismo se asentó como *escolástica*, para seguir un curso histórico con periodos de brillo y de opacidad, hasta alcanzar el siglo XIX, tomando un impulso renovado en lo que se conoce como *neotomismo.* Este movimiento intelectual no constituye un bloque doctrinario uniforme, ni tampoco hay acuerdo definitivo con respecto a la interpretación de Aquino, ni de Aristóteles, en diversas aéreas.

Influencia de Aristóteles

Santo Tomás es fundamentalmente un teólogo, pero no desdeña los temas filosóficos; no ve oposición entre las verdades teológicas y las verdades de la razón, aunque está perfectamente claro que hay áreas de la teología que dependen de la fe, y no son accesibles a la razón. Su filosofía está orientada "al objeto", comenzando su análisis en la experiencia sensible, para continuar con un arduo proceso de abstracción –sistemático y metódico--, y alcanzar la verdad de las cosas; la realidad es accesible a la razón; pero lo que está más allá del alcance de la razón, no significa que sea irracional. Con este procedimiento, que algunos de sus intérpretes catalogan como el empirismo de Santo Tomas, el filósofo se remonta a las verdades abstractas y generales que considera más amplias y validas que las hipótesis de las ciencias propiamente más empíricas. Santo Tomás sigue a Aristóteles, definiendo a la metafísica como la ciencia del ser en cuanto ser, y con ello, el análisis de las causas y de las características de la substancia.

Hilomorfismo

Para Santo Tomás entonces, la observación y la experiencia con las cosas acreditan la concepción de **substancia**; y en su concepción metafísica, todas las sustancias son dependientes de Dios. Como Aristóteles, suscribe al hilomorfismo: **forma** y **materia prima**, y también como el filósofo griego, habla de diversas sustancias, por lo que esta noción se hace igualmente, poco clara y difícil de definir. La **forma,** conformando la materia prima – constituye la substancia--, es la fuente o principio de las cualidades, actividad y conducta de un objeto natural. Y la **materia prima** es el sujeto de cambio, pero esta materia, sin la forma –forma sustancial--, no constituye sustancia alguna, es no-observable, es pura potencialidad en términos metafísicos. La 'materia' visible, observable, es la *materia secunda*, conformada en la materia prima por la *forma –forma substancial*. La materia es el principio de individuación de los entes naturales, los individualiza separándolos de otros de su clase; pero no la materia en potencia (materia prima), sino la materia determinada por la cantidad (accidente) en el ente existente. La *forma y materia* en sí, no son observables, se infieren por sus propiedades, son básicamente principios metafísicos constitutivos del ser de las cosas, la *substancia es lo que existe*. Dios, al contrario de las cosas creadas, es acto puro, y no es una substancia propiamente tal, solo se considera como substancia en forma analógica a las de los objetos naturales.

Teoría de las cuatro causas

Santo Tomás adopta la Teoría de las cuatro causas de Aristóteles con algunas modificaciones; estas son la causa formal, la causa material, la causa eficiente y la causa final, que ya hemos visto en el apartado anterior de este trabajo. Es importante tener presente que el término de causa en Aristóteles y en Santo Tomás, tiene un sentido diferente a la noción actual de causa, que posee un carácter físico de acción responsable. En cambio en estos autores, causa tiene un carácter más general, como una explicación de lo que ocurre, como lo responsable de otra cosa, en un sentido ontológico. Estos factores metafísicos explicativos —causas-, están enclavados en la constitución de los seres naturales, pero no son en Santo Tomás, únicamente por naturaleza como en Aristóteles, sino que son creados por Dios, primariamente por el poder de la *forma y materia,* constitutivos de ellos y directamente creadas por Dios, y de las cuales dependen las cuatro causas. La creación de Dios es para este filósofo y teólogo, creación absoluta, creación de la nada, o más bien de la no existencia, creación *ex nihilo;* de esta manera, se separa el conocimiento de la ciencia acerca del universo, y de lo que contiene, del problema de la creación del mundo *ex nihilo.* El conocimiento de la ciencia se limita a los cambios y transformaciones de las cosas existentes, de las cosas ya creadas.

Para Sto. Tomás, la **causa formal,** se refiere a acción derivada de la *forma,* y la *forma* es una idea en la mente de Dios –ideas ejemplares--, que Dios junta con la *materia prima,* informe, naturalmente también creada por Dios, para dar existencia al *ser,* a la *substancia,* a aquello que sostiene metafísicamente a los objetos naturales. La **causa final** es la causa primaria que guía a las demás causas, particularmente la causa eficiente; esta, sin la presencia de la causa final sería desordenada y casual; el mundo es ordenado por la ordenación de la causa final; todo se mueve hacia un fin. Una de las objeciones frecuentes que se hacen al concepto de causa final es que se atribuye poder causal a algo que todavía no existe; por ejemplo, la causa final de la bellota es la encina, pero esta aun no existe; para el tomismo la solución a este problema es que el contenido de la causa final de un objeto natural, existe previamente como una idea o *forma,* en la mente de Dios, que pasa a constituir la forma substancial de los objetos naturales.

Del mismo modo, la vida es clara y esencialmente teleológica, todos los órganos con coordinación de sus funciones tendiendo al bienestar del organismo.

Acto y Potencia

Las cosas finitas están en movimiento –cambian--, por lo que son una mezcla de potencia y acto, en un desarrollo para lograr la realización de su forma. Se evita la contradicción y el problema de Parménides del ser y no ser, concibiendo el ser en potencia como un término medio entre el ente en acto y el no-ser; esto significa que en el no-ser no hay una negación absoluta de la entidad.

Esencia

La noción de **esencia,** en Santo Tomás tiene un carácter metafísico (más que lógico o de sistematización: especie), la esencia se refiere a lo propio característico de lo que es un objeto, de lo que lo define específicamente en cuanto es el ser substancial que es; la esencia no son los atributos ni las propiedades de un objeto natural, puestos que estos presuponen la forma substancial del objeto, la esencia es más bien, la fuente de la que fluyen las propiedades y atributos del objeto. La esencia de los seres espirituales se identifica con la *forma*, pero en los objetos naturales también participa la materia en su esencia.

Esencia y existencia

Santo Tomás diferencia la *esencia* de la **existencia** de un objeto, y da preeminencia a la existencia en su metafísica; esta separación de esencia-existencia se da en todos los seres creados, pero no en Dios en el que la existencia es parte de su esencia. Los ángeles son forma pura, y también deben su existencia a Dios. La existencia no es un accidente de la esencia, es algo distinto, y se refiere al hecho mismo – concreto--, de existir –de ser existente (*esse*)--, y apunta a la creación misma de lo que es; esto es, un acto de existir causado por una causa externa: una dependencia ontológica de lo existente, en Dios. Los objetos naturales al depender de su existencia de Dios, su ser en rigor no les pertenece, participan analógicamente del ser de Dios. Por ser su existencia dependiente de Dios, se establece una separación clara entre el creador y su creación; los objetos naturales son contingentes del ser necesario que es naturalmente Dios. Como consecuencia de estas consideraciones Dios es la **causa ejemplar** (influencia agustiniana), en cuanto las ideas de todas las cosas están en Dios; las cosas participan de estas ideas analógicamente. En Dios también tenemos la causa eficiente (creación) y la causa final de todo lo existente.

Esencia y existencia no son lo mismo, son dos distinciones metafísicas de una cosa finita, de modo que no hay una esencia 'objetiva' sin existencia, ni una existencia sin la esencia de algo particular. Sin embargo, se puede captar por la razón la esencia de algo sin que necesariamente exista, como sería el caso de un fénix. El énfasis de Santo Tomás en la existencia, no se encuentra en Aristóteles que se preocupa de entender los modos del ser, en un mundo eterno no creado. Tomás sigue a Aristóteles en el análisis de las características de la substancia, sus estados y las causas de sus cambios, pero al enfatizar la existencia coloca al mundo en un estado diferente al del filósofo griego: creado y dependiente de Dios.

Accidentes

Los *accidentes* son aquello que existe como modificación de una substancia o cosa, es por tanto lo predicado de una substancia, y revelan, muestran, a la sustancia que se conoce de este modo; para Santo Tomás no se tiene ni una percepción, ni una intuición directa de la substancia, ni de la esencia, estas se conocen a través de sus expresiones accidentales. De la substancia se dice que existe, de los accidentes se predica lo que en ella cambia y se observa; en este proceso de percepción se conoce el objeto modificándose, puesto que las cosas están constantemente cambiando. Los accidentes se articulan en distintos grupos, denominados categorías; se distinguen, entre otros, accidentes de cantidad, calidad, relaciones, de substancia, etc. No es necesario señalar que todos estos conceptos son complejos y sutiles, se apoyan en diversos supuestos, son difíciles de definir con precisión, y de establecer relaciones nítidas entre ellos.

El alma la forma substancial del ser humano

El *alma es la forma sustancial del hombre*, primera y única; sin embargo, hay propiedades que pertenecen al cuerpo y otras al alma; por estas características, de acuerdo al Aquinate, el alma puede existir sin el cuerpo. El hombre tiene naturalmente una meta o fin, y esto es, al igual que Aristóteles es: la felicidad, pero no como la práctica de la vida teórica y de contemplación, sino como el logro de diversos *grados de perfección*. Pero a diferencia de la perfección en Aristóteles, en Santo Tomás, esta tiene una clara referencia teológica: Dios el Bien Supremo, que es la esencia de todo bien. Por esto, la recta voluntad tiende al bien, y la recta razón a la verdad. En lo que respecta a la beatitud máxima, para Santo Tomás, consiste en la contemplación de Dios. Y también toda la realidad está ordenada jerárquicamente al primer principio: Dios, que es igualmente el fin o meta de todo lo existente, porque como escribe el Santo: "Porque el fin responde al principio, no se puede ignorar cuál es el fin de las cosas, conocido su principio. Así, pues, al ser el principio de las cosas extrínseco a todo el universo, es decir, Dios, como quedó demostrado (q.33 a.1), necesariamente el fin de las mismas cosas ha de ser también, algún bien extrínseco a ellas." (Aquino Sto. Tomás, Suma Teológica, 1ª, cuestión 103)

Pruebas de la existencia de Dios

Para Santo Tomás la existencia de Dios es evidente por sí, porque en Dios la esencia y la existencia son real y formalmente una unidad (la existencia de Dios es dada con su misma esencia); pero esto no es así para los seres humanos –

no les resulta evidente--, de modo que es necesario probar su existencia. Para este propósito, Santo Tomás parte de los datos de los sentidos, para continuar mediante la reflexión racional, y concluir que Dios existe; se trata de una reflexión ardua de tipo metafísico. Con este procedimiento 'empírico', Santo Tomás elabora las conocidas *"cinco pruebas de la existencia de Dios"* –las cinco *vías* (Suma Teológica 1ª parte. Cuestión 2; Artículo 3. Suma Contra gentiles, 1ª, 13). Santo Tomás parte de la observación, sin hacer afirmaciones absolutas acerca del comportamiento de los objetos naturales, sino que matiza, diciendo que algunos de ellos actúan del modo descrito en sus pruebas. Además, estas observaciones no son propuestas como hipótesis empíricas concretas, susceptibles de ser modificadas por la observación científica, ni de ser reformuladas en forma más económica, estas se realizan a un nivel más abstracto y general. La argumentación demostrativa es de tipo metafísica: las conductas o características observadas en los cuerpos naturales son –en última instancia--, ontológicamente dependientes de un ser absolutamente independiente y superior; de este modo, se evita el absurdo de la regresión infinita (en la primera y segunda prueba) o lo inconcluso e incompleto de lo observado (en la prueba 3).

Las cinco pruebas de la existencia de Dios son: La *primera prueba* es la del cambio o movimiento; la observación y la experiencia muestran que todo lo que se mueve –cambia--, es movido por algo, depende de otra: toda causa es efecto de otra. La *segunda prueba*, relacionada a la anterior, señala que para que algo se mueva, o para que se genere una causa se necesita un móvil en acto y una causa en acto, esta dependencia es inevitable y necesaria, y muestra una jerarquía de causas eficientes, y de móviles, subordinados y dependientes en un aquí y ahora. En esta cadena no cabe una regresión infinita, tiene que haber un punto inicial que la haga posible y actual, esto indica una dependencia ontológica en un ser en acto que genere el comienzo del movimiento y de las causas. Este punto inicial como 'un motor inmóvil' y 'una causa primera' que no es efecto de ninguna causa, del cual dependen los móviles y las causas efectivas, este punto inicial es Dios. Esta fuente originaria no se refiere al comienzo de un orden o serie temporal –numérica o lógico--, sino que se refiere a un ordenamiento ontológico. La *tercera prueba* es la de la contingencia –las cosas existen y dejan de existir y vice-versa,-- las cosas no existen necesariamente, en el pasado pueden no haber existido, pero existen hoy día, y como lo que existe, existe en virtud de lo que ya existe, tiene que haber un ser necesario e independiente que otorgue la existencia; lo contingente es dependiente de lo necesario. La *cuarta prueba* se basa en inteligibilidad de los grados de perfección, para poder graduarlos, es necesario que exista un punto perfecto de referencia al que se acercan las perfecciones. La *quinta prueba* o del "fin" del orden de las cosas del mundo; el argumento parte del reconocimiento de que los cuerpos naturales obran por un fin; un obrar regular, o con muy pocas excepciones, lo que descarta el azar como explicación, si así fuera, simplemente no se tendría regularidad en la acción; esta acción por tanto es intencional; como los cuerpos carecen de conocimiento para dirigirse a este fin, se concluye que existe un ser inteligente que dirige las acciones de todos los cuerpos naturales, Dios; si todo se mueve a un fin, tiene que existir un ser absoluto. (Aquino, ST. I, p.2 r.3) Dios es el *fin* de todo el orden teológico del mundo, que también dirige. El conocimiento que se logra de Dios con las pruebas de su existencia, no es completo ni absoluto, por eso hay que recurrir también a la teología negativa y al conocimiento analógico, que veremos más adelante. En Santo Tomás, el Dios de la tradición judeo-cristiana reemplaza el motor inmóvil –lejano e impávido--, del dios aristotélico; sin embargo, se ha criticado a Santo

Tomás de un intelectualismo pronunciado, que lo acerca mucho a las concepciones meramente teóricas de Aristóteles, y lo aleja del Dios vivo, personal y atento de lo humano de la tradición cristiana. (Copleston, 1955. Chapter: 3.)

Las pruebas de la existencia de Dios son importantes, porque para Santo Tomás, el pensar metafísico completa el pensar científico, y resulta inevitable si se quiere lograr una comprensión coherente y completa de la situación humana en el mundo, en cuanto ser finito y limitado. Este salto metafísico tiene en Santo Tomás valor explicativo, no solo a nivel de los conceptos, sino que fundamentalmente a nivel de la existencia misma de las cosas.

Es relevante anotar el comentario de Copleston (1955, pp 123-4) con respecto a la causalidad en Aquino. Santo Tomás creía en la eficacia causal real y en las relaciones causales reales, y pensaba que el ser humano las puede captar en la naturaleza. Pero no como datos sensoriales puros, sino que como una percepción que combina los datos sensoriales y el intelecto del que las recibe. El empirismo de Hume para eliminar la causalidad como no percibida como tal, es inaceptable para Santo Tomás; un 'fenomenismo' sin penetración metafísica, no es parte de los supuestos de esta metafísica, y si no se aceptan, las pruebas de la existencia de Dios no tienen asidero.

Conocimiento analógico y teología negativa

Es interesante destacar que Santo Tomás piensa que no solo la realidad natural es accesible al conocimiento racional, sino que también es posible conocer algunas características de Dios mismo, aunque este conocimiento sea imperfecto. Este conocimiento solo se consigue con un ***procedimiento analógico*** con respecto a lo mejor del hombre (bueno, justo, inteligente, etc.) atribuido (solo con carácter analógico) en forma superior a Dios, puesto que es el analogado principal (debe recordarse que en la teología judeo-cristiana, el hombre es hecho a la imagen de Dios); y también mediante la *teología negativa* –mostrando lo que Dios no es (no es perverso, no es egoísta, etc). Santo Tomás señala se puede llegar a tener una idea de lo que significa Dios: 'ser supremamente perfecto'.

Teleología en Santo Tomás

Para Santo Tomás: "Todo agente obra por un fin, en caso contrario no se seguiría de su acción un determinado fin, a no ser casualmente [por azar]." (Aquino, Sto. Tomás. Suma Teológica, 1. 44. 4) La teleología es propia de todos los objetos naturales, y es guiada por una inteligencia, al contrario de Aristóteles, que no la consideró en relación con inteligencia alguna. Por esta razón, la teleología es el vehículo que conduce a la inferencia de Dios. La teleología observada en el mundo constituye entonces, el fundamento de la quinta prueba de la existencia de Dios; Santo Tomás lo explica así: "La quinta se deduce a partir del ordenamiento de las cosas. Pues vemos que hay cosas que no tienen conocimiento, como son los cuerpos naturales, y que obran por un fin. Esto se puede comprobar observando cómo siempre o a menudo obran igual para conseguir lo mejor. De donde se deduce que, para alcanzar su objetivo, no obran al azar, sino intencionadamente. Las cosas que no tienen conocimiento no tienden al fin sin ser dirigidas por alguien con conocimiento e inteligencia, como la flecha por el arquero. Por lo tanto, hay alguien inteligente por el que todas las cosas son dirigidas al fin. Le llamamos Dios. (Aquino, Sto. Tomás, Suma Teológica 1ª, art. 3 y cuestión 103.) Pero Dios no dirige directamente, sino que su dirección está dispuesta en la naturaleza de cada ser; básicamente a través de la *forma*, idea de Dios. En la Suma Teológica (1. 44, 4) escribe acerca del fin de todas las cosas y del mundo, que es acercarse a la perfección divina: "...todas las criaturas intentan alcanzar su perfección que consiste en asemejarse a la perfección y bondad divinas. Por lo tanto, la bondad divina es el fin de todas las cosas."

Origen de la vida y características de la causalidad en la tradición aristotélico-tomista

El origen de la vida (OV)) es un tema muy importante para la ciencia y la filosofía, y constituye un tema de constante investigación y debate. Por tanto, es relevante conocer, aunque sea en forma superficial, algunas consideraciones filosóficas envueltas en el problema del origen de la vida en la historia del universo, particularmente las características de la causalidad envuelta, de acuerdo a la tradición aristotélico-tomista, una corriente filosófica que ha sido muy crítica de la postura de la Teoría del Diseño Inteligente (TDI). Para este somero bosquejo seguiré los comentarios del profesor Edward Feser (April 16, 2010).

Tomás de Aquino naturalmente creía que el universo y la vida tenían un comienzo, pero pensaba que no se podían conocer sin la revelación divina. Sin embargo, la tradición aristotélico tomista, adhiere a una concepción metafísica de la causalidad que es relevante para las explicaciones del origen de la vida, que se realizan en nuestro tiempo. Feser señala tres aspectos importantes que enmarcan la perspectiva que se toma para enfrentar el OV: ---existe una diferencia de 'clase' entre las substancias inertes y las substancias vivas; --una causa no puede dar lo que no tiene, de tal manera que un efecto debe estar de algún modo en la causa; --las substancias no vivientes no pueden por sí mismas causar seres vivos.

--Las causas que se observan en los objetos naturales inertes se caracterizan por ser causas *"transeunt"* (extrínsecas), esto es, el resultado de un proceso causal es siempre *externo* ('extrínseco'), dirigido hacia afuera; en cambio, en los seres vivientes se encuentran procesos causales *"inmanentes"* ('intrínsecos'), esto es, el resultado beneficia al organismo que los genera, en su totalidad, pero también se encuentran procesos causales transeunt. *La irreductibilidad de lo vivo a lo inerte radica en la irreductibilidad de la causalidad inmanente a la causalidad transeunt.*

--Una causa no puede dar lo que no posee, pero una causa no tiene que tener necesariamente del mismo modo lo presente en el efecto. Una antorcha encendida que enciende otra, posee del mismo modo lo presente en el efecto: fuego. Pero un fósforo que enciende una antorcha no lo tiene del mismo modo, lo tiene en la forma inherente de causar fuego. En el primer caso se habla de que lo que está presente en el efecto, lo está también en la causa, "formalmente"; en el segundo caso se dice que lo que está presente en el efecto lo está en la causa, "virtualmente" o "inminentemente". Estos son conceptos metafísicos.

--De manera que cuando se concluye que las substancias inertes no pueden generar substancias vivas, se está afirmando metafísicamente, que los objetos inertes no poseen en su poder causal, formal ni virtualmente, el efecto observado en los seres vivientes: vida. Nótese que esta afirmación metafísica es subsecuente a la observación empírica: se descarta la posibilidad de que exista "virtualmente" en el poder causal de los objetos inertes, lo que está presente en el efecto (vida), en base a que esto no ocurre en la experiencia que tenemos. Se podría decir que esta metafísica depende de la constatación empírica. Feser explica que Aquino pensó que de algunos objetos inertes podía surgir vida, pero esta creencia estuvo basada en que en ese tiempo se pensaba que la generación espontanea tenía evidencia empírica (gusanos generados en material descompuesto); por lo demás, Aquino no pensó que la causa de la vida era totalmente material (solo causa necesaria, pero no suficiente).

Feser comenta que entre los pensadores de la corriente aristotélico-tomista se encuentran algunos que piensan que Dios recurrió a una creación especial para la generación de la vida, otros que se inclinan a pensar que tal vez existen algunos objetos inertes que poseen la capacidad –formal o virtual--, de generar vida. Pero todos concuerdan que no es posible que emerja la vida en un mundo mecanicista sin las características metafísicas apuntadas, que indican la acción Divina. En este mismo sentido, Feser explica que la posibilidad de crear vida en un laboratorio con solo materiales inorgánicos, es simplemente nula si el mundo es en verdad mecanicista. Pero si se lograra, esto indicaría que estos materiales tenían virtualmente, el poder causal de hacerlo; y no se trataría de un artefacto creado por los seres humanos, puesto que las condiciones metafísicas están presentes virtualmente.

De los comentarios del Profesor Feser se desprende que, aunque se hubiera tenido el tiempo necesario en el desarrollo del universo, para que los materiales inorgánicos se agruparan por puro *azar* para generar la vida, esto no ocurriría, por las razones metafísicas apuntadas; repitiendo una vez más, en un mundo de verdaderamente mecanicista no puede surgir jamás la vida. De modo que si tenemos vida en nuestro universo, es porque están presentes las condiciones metafísicas necesarias, lo que en otras palabras, viene a ser una demostración de la creación Divina. No es necesario señalar que esta dependencia de lo metafísico en lo que sucede empíricamente, es una postura cómoda, pero al precio de debilitar la tesis, al punto de transformarla en un artículo de fe.

BIBLIOGRAFÍA

Aquino, Santo Tomás. Suma Teológica.
http://hjg.com.ar/sumat/ (Accedido: diciembre del 2015)

Copleston, FC (1955). Aquinas. An Introduction to the life and work of the great medieval thinker. Penguin Books.

Feser, Edward (April 16, 2010). ID theory, Aquinas, and the origen of the life: A reply to Torley.
http://edwardfeser.blogspot.com/2010/04/id-theory-aquinas-and-origin-of-life.html

Capítulo III

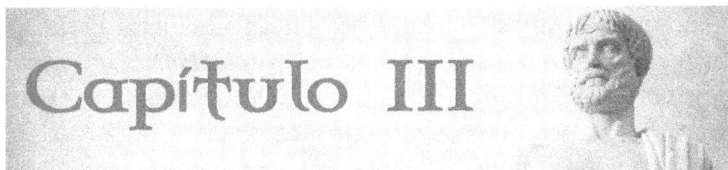

ORDEN Y TELEOLOGÍA

Constitución de los seres vivos

Los seres vivos están constituidos por diversos segmentos, y estos a su vez por diversas partes; aún los seres unicelulares son estructuras complejas finamente integradas para operar de modo que permita el funcionamiento que le corresponde a cada organismo. Cuando examinamos la constitución de los seres animados, constatamos claramente la presencia de *unidades bioquímicas* conectadas en forma precisa y sincronizada, para asegurar el funcionamiento total del organismo en beneficio de su desarrollo, de su ajuste al medio que le toca vivir, y para el logro de una adecuada capacidad de reproducción. Así por ejemplo, en una unidad funcional relativamente simple como una proteína enzimática, encontramos al examinarla, una considerable cantidad de elementos y moléculas químicas dispuestas en tal forma, que sus acciones individuales se encuentran coordinadas en el espacio-tiempo para actualizar las funciones altamente específicas de esas macromoléculas: producción de enzimas, que a su vez, actúan sobre otros substratos para integrarse a la dinámica funcional del organismo. Las funciones de este tipo de estructuras bioquímicas, no son el resultado de las acciones individuales de sus elementos constitutivos, sino el producto de la coordinación de esas acciones, para generar finalmente un producto específico; se trata de lo que podemos describir como una organización bioquímica funcional dirigida hacia un fin o meta, esto es, una **estructuración teleológica,** un **orden de tipo teleológico** de elementos y moléculas químicas, y de sus acciones. En otras palabras, la vida de los seres animados se realiza fundamentalmente en estructuras químicas "ordenadas" de una manera especial, lo que nos lleva a la necesidad de explorar brevemente lo que se entiende por orden, para poder entender adecuadamente el carácter del orden biológico.

Concepto de orden

En términos generales, el orden se refiere –de acuerdo a las definiciones corrientes,-- a la disposición de elementos o de cosas de la manera 'que corresponde'. De este modo, el peso de la definición cae en la referencia a "lo que corresponde", pero esto no es fácil definirlo con claridad. Habitualmente se habla de serie o sucesión de las cosas, de su buena disposición, de la relación de una cosa respecto a otra; pero el orden no solo tiene vigencia para de disposición de elementos o cosas materiales, también se consideran objetos simbólicos --como signos alfanuméricos--, elementos acústicos o sonidos, y funciones, sean estas de artefactos o naturales como las biológicas. Estas descripciones no aportan un criterio definitivo ni claro para determinar lo que se significa con los términos -- "lo que corresponde"--, porque caben muchos criterios de distribución y de relación de elementos. Sin embargo, estas variadas posibilidades de "lo que corresponde", apuntan en forma genérica a que el orden es un estado de distribución y relación de elementos o de cosas que muestra un cierto *patrón* que supera el estado de *desorden,* en el que no se distingue ningún tipo de molde o norma en las relaciones de los elementos envueltos, ninguna organización o formalización detectable. (Aizpún, F. (Diciembre, 2015)

En el campo de las matemáticas y de las ciencias de la computación se estudian las series alfanuméricas y se dice que una serie exhibe 'orden' si se puede generar con un corto algoritmo o con un conjunto de de ordenes computacionales simples; si esto no es posible, se tiene solo una serie compleja, no una serie ordenada siguiendo determinadas reglas o patrones. Este es un procedimiento de carácter matemático – reducción a un algoritmo que explica su generación y su configuración. (Torley VJ., June 2013) Pero este procedimiento computacional no basta, ni es necesario, para definir el orden de un conjunto de elementos, particularmente si nos movemos a la observación de objetos naturales, y no naturales, en los que es difícil realizar una compresión matemática a un alegorismo en un modelo computacional y, sin embargo, exhiben claramente una configuración que se aprehende directamente (intuitivamente) y puede conceptualizarse como ordenada.

Lo importante para este trabajo, es señalar que en estos estudios computacionales y en las observaciones de estructuras presentes en el mundo, el *orden está determinado por una comprensibilidad de la configuración, mediante la distinción de un patrón* (formal o de otro tipo), sea esta comprensibilidad realizada matemáticamente, o de otra manera conceptual; la presencia de un patrón distingue y separa el orden del mero desorden, aunque este patrón sea simple o complejo, repetitivo o variado. Esta comprensibilidad que ofrece el orden, indica accesibilidad al entendimiento, y posibilita la inteligibilidad de las estructuras ordenadas del mundo. En este sentido Santo Tomás comentando la Metafísica de Aristóteles, sostiene que 'lo propio del sabio es ordenar', escribe. "La razón de esto es que la sabiduría es la más alta perfección de la razón, a la que le corresponde con propiedad conocer el orden. Pues, aunque las potencias sensitivas conozcan algunas cosas captándolas en sí mismas, sin embargo, conocer el orden de una cosa con respecto a otra, es privativo del intelecto o de la razón." (Comentario a la Ética Nicomaquea.)

Nótese que en la literatura se encuentran los términos de 'orden' y de 'complejidad' como relacionados, y a veces en forma equívoca, y en otras, de manera claramente confusa. En este trabajo me atengo a una concepción simple y genérica de la noción de orden, caracterizado por configuraciones inteligibles (poseedoras de un patrón), sin considerar su génesis (leyes de la naturaleza/azar, o acción inteligente), ni tampoco su complejidad, ni probabilidad estadística de su ocurrencia en la naturaleza. Estos parámetros, son sin duda de considerable importancia teórica, pero constituyen otro nivel de estudio del orden observado en las cosas.

De manera que la noción de orden requiere de la presencia de un cierto patrón que lo distinga del estado de desorden o de caos. Los patrones pueden variar en complejidad y en número de elementos que contenga, incluyendo partes funcionales. Una distinción importante en los patrones que acusan orden –y relevante para el tema de este trabajo--, es la que se hace en referencia a su origen, aquellos que resultan de la actividad de las leyes conocidas de la naturaleza, lo significa que se generan 'mecánicamente', lo que les otorga una configuración repetitiva, aunque pueden superponerse y generar patrones más complejos. Y aquellos patrones que involucran la participación de una inteligencia en su génesis, a estos se les denomina **diseños**, o bosquejos, y al ser creados por los seres humanos poseen intencionalidad, se generan con una intención, que puede ser muy variada (artística, técnica, educacional, etc.); además, los diseños en su configuración suelen mostrar una configuración con finalidad fácil de percibir (orden teleológico), como el diseño de una casa requiere una disposición de sus componentes para lograr su fin, igualmente el de un motor, o el de un plano de un artefacto o actividad social, un retrato, etc. Sin embargo, no siempre los diseños presentan claramente una organización orientada a un fin específico, por lo que en estos casos, puede resultar un tanto difícil distinguir estos dos tipos de patrones, los mecánicos de los diseñados.

El orden en la naturaleza:
de la 'teleología' al 'orden teleológico'

Desde temprano en la filosofía griega, los filósofos se admiraron del orden y de los cambios que experimentaban las cosas en el mundo, particularmente los seres vivos; este orden observado era, naturalmente, de las macro estructuras de los organismos, como alas de las aves, aletas de los peces, raíces de los arboles, etc. y de su relación de utilidad al organismo que las poseía; el mundo microscópico todavía era inaccesible y básicamente desconocido para estos hombres de ciencia. Con Aristóteles estas características del orden observado en los seres vivos, son estudiadas y explicadas en detalle; para este filósofo, como vimos anteriormente, la estructura *hilomórfica* – conjunción de la *forma* y *materia*--, describe el *ser* –naturaleza--, de los objetos naturales, y explica sus características y sus cambios. Los seres vivos se caracterizan por poseer *alma* que es la *forma* de su estructura ontológica. El alma es el principio de vida de los organismos y es responsable de su funcionamiento vital en base a las cuatro leyes postuladas en esta concepción metafísica. La dinámica del organismo, según esta concepción metafísica, está dirigida a una meta, a la realización de su propio bien, esto es, a la actualización de su ser para vivir en un determinado ambiente y alcanzar la capacidad de propagarse; se trata claramente, de una dinámica de las partes biológicas —estructurales funcionales--, que muestra integración y coordinación para alcanzar una meta común, que le da unidad a la totalidad de las piezas biológicas. E*ste tipo de ordenamiento teleológico se logra por la acción de la causa final, y se le denomina teleología,* con toda una carga de conceptos metafísicos que la respaldan, y que como vimos anteriormente, es propia de todos los objetos naturales, especialmente de los seres animados. De manera que desde esta perspectiva aristotélica, el orden observado en la constitución y funcionamiento de los organismos es primariamente substancialista y teleológico. Esta visión de la constitución de los organismos continúa más tarde con la síntesis filosófica realizada por Santo Tomás de Aquino, que refina términos usados por Aristóteles y, sobre todo, incorpora la perspectiva judío-cristiana de la creación de todo lo existente por Dios. De este modo, la substancia ya no tiene el mismo peso explicativo que con Aristóteles, puesto que la *forma,* rectora de las características de los organismos, proviene de Dios en la doctrina de Aquino. La teleología tradicional metafísica aristotélico-tomista, en consecuencia, es dependiente en última instancia de Dios; ya San Agustín señalaba que el orden es una muestra de la perfección.

La causa final es fundamental en Aristóteles para entender la constitución, funcionamiento y conducta de los seres vivos; con la síntesis de Santo Tomás, esta concepción de la teleología tradicional metafísica, entra en el curso de la Edad Media y con muchos altos y bajos, llega hasta nuestros días, naturalmente con diversos matices y refinamientos, pero confinada al área de la filosofía. La concepción aristotélico-tomista del orden biológico —teleológico-, prevalece en la edad media, pero con el advenimiento de la modernidad sufre un cambio radical, se vuelve menos ontológico y más supeditado a las relaciones tangibles de los cuerpos concretos, aunque naturalmente en filosofía se encuentran tesis acerca del orden de raíz ontológica, como en Spinoza y en Leibniz. Esta disminución de lo ontológico se hace clara y patente con la Revolución científica del Siglo XVII, que abandona el modelo de las cuatro causas de Aristóteles en ciencia, limitándose solo a *la causa eficiente*; los otros poderes causales se dejan de lado por ser considerados vagos e imposibles de medir, y también por prestarse fácilmente a tergiversaciones, particularmente la causa final. La concepción aristotélico-tomista de causas y principios fundamentales de la realidad, opera a partir de estos supuestos, con un desarrollo sistemático y lógico, con lo que amalgama un discurso racional con la comprensión de la naturaleza para ofrecer una 'explicación' de la realidad. Pero con la Revolución del Siglo XVII se abandonan los supuestos − principios fundamentales-- de la metafísica tradicional, y la ciencia toma una postura empírico-operativa, considerando como su objeto, las cosas extensas, susceptibles de ser medidas y manejables mediante el uso de la matemática.

La ciencia moderna --la física--, se va a gestar desde entonces, en base primariamente al poder causal eficiente y con una creciente descripción matemática de los fenómenos físicos, para llegar a la concepción de las cuatro fuerzas fundamentales de la naturaleza que conocemos hoy en día. En rigor, el poder causal que mueve la ciencia moderna no es estrictamente equivalente a la "causa eficiente" de la filosofía tradicional (la causa que trae una cosa a la existencia), esta es una concepción ontológica, relacionada estrechamente a las otras tres causas de la concepción metafísica aristotélico-tomista, particularmente a la causa final que la dirige. La causa eficiente de la ciencia, o más bien el poder causal físico, está reducido a un simple modo de operación de 'empuja y tira', sin ninguna dirección más allá de su efecto inmediato. Este acercamiento básico de la ciencia a los fenómenos naturales persiste en la ciencia contemporánea, aunque naturalmente modificado y ampliado, con conceptos de fuerzas, energía, campos, etc.

Sin embargo, la influencia de la síntesis de Santo Tomás, continúa todavía hoy día, como neotomismo o filosofía aristotélico-tomista (A-T), pero, ya no como ciencia de la naturaleza, sino que básicamente como una metafísica. La teleología metafísica queda confinada entonces, solo al área de la filosofía, las ciencias de la naturaleza toman un desarrollo independiente, y la referencia a las configuraciones biológicas va a seguir la pauta de la ciencia física moderna, para hablar solo de 'orden' o de 'orden teleológico', sin la carga metafísica tradicional.

El orden percibido en las estructuras biológicas es de tipo teleológico, por lo que se habla frecuentemente de teleología para describirlo. Pero es importante tener presente que por "Teleología" se entiende tradicionalmente la doctrina filosófica que estudia la causa final al estilo aristotélico-tomista. De modo que se debe tener clara conciencia que este término de 'teleología' tiene dos usos, el tradicional metafísico aristotélico-tomista, y el simplemente descriptivo 'orden teleológico', sin carga metafísica que se usa en biología. Olvidar estos sentidos del uso de este término conduce a confusiones. De modo que cuando hablamos de teleología en el campo de las ciencias biológicas en la actualidad, estamos refiriéndonos a un ordenamiento estructural funcional de elementos con un fin funcional específico, sin bagaje metafísico agregado.

Tipos de teleología y niveles naturales

En los dos apartados anteriores nos referimos a la teleología en Aristóteles y en Santo Tomás de Aquino, una teleología de tipo realista, esto es, un orden natural que existe de hecho en las cosas, particularmente evidente en los seres vivos. Pero en la historia de la filosofía, y en la literatura pertinente a este tema, se distinguen varios tipos de teleología, que mencionaremos my esquemáticamente, para ilustrar la complejidad del tema, por tener naturalmente, implicaciones en las aplicaciones del concepto de orden teleológico.

En este bosquejo de los *tipos de teleología* y los niveles naturales en los cuales puede discutirse la presencia de teleología, sigo el material presentado por el Profesor Edward Feser, filósofo de la corriente filosófica aristotélico-tomista (neotomista): *Teleology: A shopper's Guide* (Philosophia Christi, 2010). Desde esta perspectiva, existen cinco tipos de teleología, que siguen en forma paralela el problema tradicional de los *universales* ('triángulo', 'gato', 'humano', etc. –no triángulo, gato, humano en particular, concreto). El *nominalismo* simplemente niega que existan los universales, solo existen los particulares. El *conceptualismo*, sostiene que los universales solo existen en la mente, como abstracción de rasgos de particulares. El *realismo*, afirma que los universales son irreductibles a los particulares, y existen en forma independiente de la mente humana. En la corriente realista existen tres variedades; el *realismo platónico*, para el cual los universales existen en un tercer ámbito que no es el mundo de las cosas particulares, ni el de la mente humana; los universales no se reducen ni a los particulares ni a los conceptos abstraídos. El *realismo aristotélico* que postula que los universales existen instanciados en los particulares, de los cuales se pueden abstraer conceptos de ellos, pero no se reducen a estos. Y el *realismo escolástico* (entre otros Santo Tomás) que postula, en coincidencia con el aristotelismo, que los universales se encuentran instanciados en los particulares y en los conceptos mentales, pero difiere en que no dependen enteramente de estos, puesto que existen en el intelecto *divino*, como arquetipos usados por Dios en su creación del mundo.

En lo que respecta a **explicaciones de la teleología** en el campo filosófico, encontramos cinco tipos. El *eliminativismo teleológico*, que corresponde al nominalismo, y que niega que exista la teleología genuina en el mundo; una postura que en nuestro tiempo aparece en la filosofía mecanicista estricta. El *reduccionismo teleológico*, que correspondería al conceptualismo, que reduce los universales a 'nada más que' conceptos mentales, y que en caso de la teleología en biología, correspondería a los filósofos evolucionistas que reducen lo teleológico, 'a nada más' que lo filtrado por la selección natural. La *teleología platónica*, que sostiene que la teleología observada en la naturaleza es extrínseca, no pertenece a ella, sino que proviene del exterior, de una mente divina, como es el caso de la postura de William Paley. La *teleología aristotélica realista*, sostiene que la teleología es intrínseca en las substancias naturales, y no deriva de una divinidad; este filósofo creía en la divinidad como un Motor Inmóvil, pero su existencia se derivaba del movimiento, no de la existencia de las causas finales que son simplemente por naturaleza; en Aristóteles no hay relación entre teleología y teísmo. La *teleología escolástica*, está bien representada en la Quinta vía de Santo Tomás, en que la teleología (alimentada por la causa final) está en última instancia explicada por el intelecto divino. La diferencia con la teleología platónica es que en esta es obvia la presencia del tercer mundo, en cambio en la escolástica se necesita un paso intermedio, un análisis (metafísico) de la teleología natural para llegar a la existencia de Dios.

El Prof. Feser también distingue **cinco niveles en el mundo natural en donde puede existir teleología**. El *nivel biológico* primario en el que se incluyen las plantas. *Nivel de los animales* *más desarrollados* que comprende a los animales que tienen sensibilidad y apetitos, lo que implica una búsqueda de meta. *Nivel del mundo inanimado*, presentaría también teleología tradicional de acuerdo al pensamiento escolástico; en un primer segmento de este mundo, se refiere a *elementos naturales simples*, en los que una causa A, genera un efecto específico B, y esto indicaría una dirección y meta de la causa A; si no existiera esta dirección y meta, las causas eficientes serían totalmente desordenadas e irracionales; al mismo tiempo la corriente de pensamiento –escolástico--, señala que la causa A es expresión de una 'propiedad inherente' de un objeto natural que la posee, y que si no existiera, no tendríamos una causa A, ni ninguna causa eficiente; no habría 'razón' para que existieran, de modo que negar las propiedades inherentes resulta ininteligible. Tomás de Aquino (S-T 1, p. 44, r. 4.) (citado por Feser) lo describe así: "...todo agente [todo objeto que exhibe una acción] actúa por un fin; de otra manera, una cosa no seguiría más la acción de un agente, al menos que fuera por azar." *Nivel de los cuerpos inanimados más complejos* constituyen otro nivel, en los que las acciones específicas repetidas, se pueden considerar teleológicas. Estas consideraciones del pensamiento escolástico de los cuerpos inanimados, están naturalmente expuestas a controversia. *Nivel de los seres humanos*, en los que la intencionalidad del pensar y de su voluntad muestran claramente direccionalidad y meta; en este nivel la teleología es menos controversial.

La posible *irreductibilidad de la teleología*, esto es, la teleología es real e inmanente en los objetos del nivel considerado (propia del escolasticismo/neotomismo), se debe determinar de acuerdo a las pautas de las escuelas filosóficas mencionadas anteriormente, este análisis no es tema de este trabajo. Nuestro autor resume la situación: "El punto es que existen al menos cinco niveles en los cuales se *podría* decir que existe una teleología irreducible: en *las regularidades causales básicas;* en *los procesos inorgánicos complejos;* en *los fenómenos biológicos básicos;* en *la vida distintiva de los animales;* y en *el pensamiento y acción de los humanos."* De acuerdo con Feser, la filosofía aristotélico-tomista sostiene que en estos cinco niveles encontramos teleología real irreducible. En este trabajo nos centramos fundamentalmente en el 'orden teleológico descriptivo' a nivel de los fenómenos biológicos básicos, que también incluye el ámbito de las plantas, y es considerado real e irreducible, puesto que es empírico.

BIBLIOGRAFÍA

Aizpún, Felipe (Diciembre, 2015). Orden: Diseño y Teleología en el siglo XXI. En OIADI: http://www.oiacdi.org/articulos/Orden%20Diseno%20y%20Teleologia%20Corregida%20en%20el%20siglo%20XXI.pdf (Accedido en Abril del 2016)

Aquino, Santo Tomás . Comentario a la Ética a Nicómaco. Libro I, Lección I. http://www.oocities.org/aquinante/Temas_Principales/Etica/TP-COMET-TEX1-HTM.htm (Accedido: Febrero, 2016.)

Aquino, Santo Tomás. Suma Teológica. http://hjg.com.ar/sumat/a/index.html (Accedido: Enero del 2016.)

Feser, Edward (2010). Teleology : A Shopper's Guide. En: Phylosophia Christi, Vol. 12, No. 1. 2010. http://www.epsociety.org/userfiles/art-Feser%20%28Teleology%29%281%29. pdf

Torley Vincent J., (June 18, 2013). Order vs. Complexity: A follow up post. En: Uncommon Descent. http://www.uncommondescent.com/intelligent-design/order-vs-complexity-a-follow-up-post/ (Accedido: Enero del 2016.)

Capítulo IV

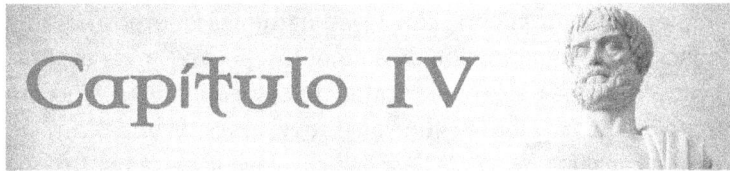

TELEOLOGÍA EN BIOLOGÍA Y ARTEFACTOS

Teleología en biología

El orden teleológico en las estructuras funcionales biológicas es naturalmente, real e irreducible, porque es básicamente empírico; este ordenamiento es fundamental en biología y es reconocido, incluso por aquellos que rechazan y esquivan las connotaciones metafísicas que evoca el término, y sus posibles consecuencias teológicas, prefiriendo hablar de *teleonomía* (Jacques Monod, 1974). Con el término de teleonomía se significa una estructura funcional despojada de 'dirección' y de 'orientación' a metas funcionales, se trataría solo de un resultado fortuito de un mero proceso mecanicista, generado por la evolución que combina las leyes naturales, el azar y la selección natural. Es efectivo que la ciencia opera con conceptos elaborados a partir de la observación y experimentación con las cosas, urdidos en teorías sometidas a revisión y cambios; y, ciertamente, la propuesta de la teleonomía nos recuerda, las obvias interacciones químicas envueltas en los procesos biológicos teleológicos con los que trabaja la ciencia, pero esta actividad bioquímica no es suficiente para dar cuenta de la organización estructural de las moléculas que constituyen las unidades biológicas teleológicas para posibilitar resultados funcionales comunes, ni menos aun, la integración de todas estas unidades funcionales para alcanzar la meta final: el organismo viviente. La ciencia simplemente no cuenta con leyes naturales que posean una capacidad de organización de elementos químicos para explicar estas complejas configuraciones teleológicas. Este tipo de organización estructural funcional, que muestra una dirección para alcanzar una meta específica, revela claramente una dirección funcional, que es innegable. La teleonomía además, adscribe a la hipótesis de origen evolutivo neodarwiniana para explicar la teleología en los seres vivos, una teoría que no cuenta con un poder causal adecuado para explicar la enorme sofisticación de la dinámica teleológica; y más importante aún, no es una hipótesis confirmada para dar cuenta de la complejidad de los procesos evolutivos. (Luskin, C., February 20th, 2015) Pero la teleonomía en rigor, no puede negar la organización teleológica evidente y demostrable de estas configuraciones bioquímicas, su preocupación primaria es el problema de su origen.

Cuando observamos y analizamos, un organismo se hace claro que en su constitución encontramos numerosos componentes, desde simples elementos fisicoquímicos, como átomos y moléculas, que en distintas combinaciones forman diferentes substratos orgánicos, para constituir las estructuras de los seres vivos. Lo importante es subrayar que estos constituyentes están organizados en forma teleológica, constituyendo unidades biológicas (bioquímicas) que a su vez se interconectan para alcanzar la meta final que es el ser vivo, maduro. Un organismo es entonces, un conjunto de imbricaciones de estas estructuras funcionales teleológicas, organizadas apropiadamente, e interconectadas sincrónicamente, para formar una unidad funcional total, que permite la vida del organismo, y asegura su desarrollo, su adaptación al medio, y la posibilidad de multiplicarse; es decir, su funcionamiento está dirigido a "su bien", para usar los términos aristotélicos, pero sin caer en explicaciones metafísicas. (Torley VJ., April 27th, 2010).

La conceptualización de los procesos biológicos como dirigidos a una meta, nos lleva a plantear la cuestión de cómo la naturaleza –tal como la conocemos--, puede tener la intención --el propósito--, de llegar a una meta, puesto que no posee ningún psiquismo que le otorgue capacidad de discernimiento ni de propósito; de modo que hablar de teleología natural –orden teleológico--, o de dirección causal, sería en buenas cuentas una descripción antropomórfica, una proyección de las características de las acciones del ser humano, a los procesos naturales; o en el mejor de los casos, se trataría de una concepción metafísica que escapa del campo de las ciencias y sus métodos, para responsabilizar en último término a la Divinidad, de la teleología observada.

Sin embargo, no se puede negar fácilmente que las complejas estructuras funcionales teleológicas de un organismo completo, y de sus unidades estructurales teleológicas, generan en su compaginado funcionamiento, un resultado final unitario e irreducible a la acción individual de sus componentes; ni siquiera a la suma de ellos, puesto que la mayoría de estas configuraciones muestran estructuras funcionales imbricadas: unas dependientes de otras, para lograr resultados funcionales imposibles de reducir a los elementos bioquímicos envueltos en la red de estos procesos.

Las estructuras funcionales de la biología, que objetivamente –empíricamente--, muestran configuraciones de tipo teleológico, constituyen un desafío para su interpretación, y naturalmente también para explicar su origen. Como ya hemos mencionado, estas estructuras biológicas pueden conceptualizarse siguiendo la pauta de la tradición aristotélico-tomista, ya que tanto en Aristóteles como en Santo Tomas, la tendencia hacia un fin es natural, y no consciente, salvo en algunos casos, como en los seres humanos en los que los apetitos racionales y la voluntad son importantes (Suma Teológica I-II: 1:2). Para estos filósofos, la realización del fin de cada ser se hace en virtud de su *naturaleza*, sin intervención causal externa o extrínseca. Sin duda, la concepción hilomórfica de la filosofía tradicional tiene gran poder explicativo, pero no se conforma a los procedimientos metodológicos de la ciencia; así por ejemplo, la *forma,* de especial –esencial--, importancia en esta visión metafísica, por poseer un potencial enorme de posibilidades que explica todos los rasgos y propiedades de los objetos naturales, pero no puede observarse, ni medirse en forma concreta y definitiva. De modo que no es posible recurrir a esta –u otra--, concepción metafísica para explicar la direccionalidad y los múltiples procesos bioquímicos que estudia la biología; esto significaría abandonar el terreno científico para caer en una disciplina ajena epistemológicamente, aunque potencialmente complementaria de la ciencia, que desde sus inicios en la modernidad descartó las causas ontológicas por no observables ni manejables con procedimientos matemáticos.

La visión meramente descriptiva e empírica del orden de las estructuras biológicas, operando para generar metas funcionales específicas, resulta adecuada para las restricciones metodológicas de las ciencias en las que operan solo los poderes causales naturales bajo observación directa o indirecta. Pero, esta descripción empírica, no ofrece una explicación de la maravillosa y eficiente organización biológica, y la ciencia, como hemos señalado, no cuenta con los recursos para dar cuenta de estas configuraciones funcionales, de manera evidente y comprobable.

De manera que, nos encontramos en ciencia con una difícil situación, sin poder aceptar el concepto de teleología heredado de la tradición filosófica aristotélico-tomista para explicar la configuración de orden teleológico de las estructuras biológicas; ni tampoco poseer una explicación naturalista aceptable, ya que las leyes de la naturaleza conocidas, siguiendo las fuerzas elementales de la física, tienen un poder causal relativamente sencillo: (+) / (-) o, atracción / repulsión; y es muy claro que no poseen un poder causal de organización capaz de generar estructuras de acuerdo a un plan y propósito, salvo que estemos dispuestos a 'creer' que con ayuda del azar y de tiempo suficiente, estas leyes pueden producir desde simples moléculas hasta seres dotados de conciencia y capacidad de elección.

Frente a esta situación nos vemos obligados a explorar qué poder causal conocido puede explicar la configuración compleja y dirigida de estas estructuras biológicas. En nuestra experiencia cotidiana —actual--, intuitiva y objetivamente, es evidente que la acción inteligente es *el único poder causal conocido* capaz de generar estructuras que combinan diversas partes o elementos para construir un objeto que exhibe una conducta final específica; los ejemplos de la creación inteligente humana de objetos con configuración teleológica, son obviamente innumerables, desde simples trampas para cazar animales, hasta computadores y naves espaciales. Este es el curso que toma la Tesis del Diseño Inteligente (TDI), de la cual hablaremos en un próximo apartado.

Si consideramos las configuraciones biológicas como resultantes de una acción inteligente como lo son los productos generados por los seres humanos, se podría pensar que las estructuras bioquímicas, y biológicas en general, son también como estos productos resultantes de una acción artesanal; serían artefactos generados por alguna divinidad o por una poderosa inteligencia.

Artefactos

Los objetos generados por la acción humana son conocidos como artefactos. En la manufacturación de un artefacto, además de dedicación y habilidad, se requiere fundamental e ineludiblemente de una aptitud creadora, propósito, discernimiento, y capacidad de elección; en otras palabras, se necesita un agente inteligente para su fabricación.

Como vimos en un apartado anterior, Aristóteles no considera a los artefactos como objetos naturales, estos son productos de la construcción humana para obtener instrumentos que funcionen para su utilidad y beneficio; no tienen un *ser natural*. Los artefactos desde el punto de vista metafísico (aristotélico-tomista) no poseen *substancia*, pues son ensamblajes 'accidentales' de objetos distintos (con sus propiedades naturales inherentes), acomodados --y preparados--, por los seres humanos para sus propósitos; no poseen *forma,* sino una 'forma accidental' diseñada por el hombre, ni tampoco cuentan con una *causa final* propia, sino *extrínseca* determinada también por el artífice. En la visión metafísica aristotélico-tomista, los objetos naturales, en cambio, constituyen una unidad orgánica de ser, con sus componentes dotados con la tendencia natural −inherente--, de funcionar integrados como una totalidad, para la realización de una meta final. Los artefactos simplemente no son objetos naturales, sino manufacturados artificialmente, cuya meta o fin es la utilidad buscada por el artífice, en cambio, en los objetos naturales, el fin es proseguido por la *naturaleza* de esos objetos, y para su propio 'bien'. Esta independencia de las cosas, no significa para el aristotelismo-tomista, que Dios no haya creado los objetos naturales, pero los ha creado, no a la manera de un artífice humano, sino que les ha dado a ellos una naturaleza para que se desarrollen y comporten de manera autónoma.

En lo que se refiere a las estructuras de orden teleológico de la biología, muchos autores de la corriente filosófica aristotélico-tomista, consideran que la propuesta del Diseño inteligente, es una concepción de estas estructuras, como artefactos. Feser (April 16, 2010), aludiendo a esta Teoría del diseño inteligente (TDI), comenta que Dios no crea los elementos químicos para organizarlos inteligentemente en estructuras biológicas teleológicas (esto sería la creación de un artefacto), sino que Dios crea, dando la *esencia*, y la *existencia,* simultáneamente; de este modo, los seres vivos con sus propiedades inherentes esenciales, son una unidad orgánica desde el primer momento de su existencia. En consecuencia, para este autor, si en una teoría descriptiva/explicativa de un objeto, en el caso concreto de los objetos biológicos y sus componentes, que ha desechado completamente la *causa formal* y la *causa final*, --como lo es la ciencia contemporánea--, está condenada irremediablemente a ser una descripción/explicación mecanicista de un artefacto. (E. Feser, March 15, 2011) Feser incluye en esta crítica a la TDI.

Los artefactos son productos de la fabricación humana para su utilidad, pero también se consideran como artefactos, los productos artísticos, aunque en nuestro tiempo el vocablo artefacto se refiere más bien a los instrumentos y máquinas creadas por los hombres para fines prácticos. Sin embargo, el hombre también puede generar con su capacidad e inteligencia, productos –objetos--, naturales, como es el caso del agua. Un vaso de agua proveniente de una vertiente y un vaso de agua generado en un laboratorio son idénticos, al punto que Torley VJ (April 28, 2010) piensa que un objeto, precisamente como el agua, puede ser las dos cosas: natural y artefacto. Esta es en verdad, una afirmación bastante equívoca, más bien equivocada. Porque es claro que el agua generada en un laboratorio es idéntica a la emanada en una vertiente, y obviamente no es considerada un artefacto; sería más bien una reproducción de algo natural –agua artificial, solo en cuanto a su origen. El agua es un producto simple, su origen es fácilmente explicable en base a las leyes naturales conocidas aplicables al H y al O_2, por lo que es perfectamente factible reproducirla en laboratorios. Desde la perspectiva aristotélico-tomista se puede decir que el oxigeno y el hidrógeno tienen la potencia, la propiedad inherente de unirse para formar agua en las condiciones propicias, que pueden ser totalmente naturales o artificiales, como el laboratorio de un investigador. Que algo sea 'hecho por el hombre' no necesariamente significa que es un artefacto.

Se dice además, que el diseño básico del agua –su estructura relacional--, es la misma en ambos casos: agua de laboratorio y agua de vertiente; esto significa que el agua de laboratorio no es un artefacto de agua, es simplemente agua. De esto, algunos autores concluyen, que un artefacto requiere de la creación de un diseño nuevo --no natural--, para considerarse un artefacto propiamente tal. Esta opinión tampoco me parece acertada, por la misma razón ya apuntada; el agua, sí se puede recrear en un laboratorio, tal como el ácido cítrico, pero no un ser vivo, aunque se siguiera un diseño 'natural' bioquímico –un organismo vivo es más que su estructura bioquímica--, salvo, como veremos, que se usen 'piezas' de un ser natural homólogo, con sus propiedades inherentes dispuestas para trabajar en conjunto para lograr una meta final compatible como lo explica el A-T; o, desde otra perspectiva 'más científica', que contengan la 'información adecuada' que lo permita.

La situación es más complicada entonces, cuando se trata de la elaboración un ser vivo en un laboratorio, por minúsculo que sea. Sin embargo, cabe la posibilidad de lograrlo – aunque muy remota--, si en esta tarea se emplean piezas de otros seres vivos que sean compatibles; esta compatibilidad en términos aristotélico-tomistas sería explicada como la presencia de propiedades naturales inherentes que hacen posible la generación de vida al unirse, y que por tanto comparten una causa final, que permite la unión de las piezas para formar el cuerpo vivo que se intenta generar; este producto no sería un artefacto, puesto que el proceso ha sido posible en virtud de elementos metafísicos naturales. Ejemplo este tipo de generación de objetos vivos se tiene en la ingeniería genética, como la producción de maíz u otros productos. Sin embargo, se podría decir que estos productos no logran en rigor, la realización propia de acuerdo a su naturaleza, que de partida es una amalgama de las naturalezas de las piezas empleadas, por lo que no debe sorprendernos que no alcancen la madurez que les permite desarrollarse, sobrevivir en el ambiente natural que les corresponde, y reproducirse. Se trataría de objetos 'naturales' –disminuidos--, originados artificialmente, y para el beneficio del hombre, más que para sí mismos; una especie de híbrido desde el punto de vista metafísico.

Pero crear cuerpos vivos –células vivas-, de materiales inorgánicos, parece extremadamente poco probable, porque la vida es más que las estructuras bioquímicas que la soportan y la hacen posible, aunque se ensamblen las piezas bioquímicas en la forma adecuada. Las estructuras químicas envueltas en el agua, forman agua sin apelación alguna –gracias a sus propiedades--, en cambio las meras estructuras químicas de un microbio, no constituyen un microbio vivo. Ya revisamos en un apartado anterior la postura aristotélico-tomista sobre este tema, postulando que en estos elementos inorgánicos, se encontrarían las 'causas virtuales' que podrían explicar metafísicamente el surgimiento de la vida de ellos, si esto llegara a ocurrir, lo que consideran altamente improbable; y no se trataría de la aparición de artefactos. (Feser E, (April 16, 2010))

Teleología interna y externa

Para comprender bien las características teleológicas de los artefactos es importante tener claro dos conceptos que se encuentran con frecuencia en la literatura pertinente, *la teleología interna y la teleología externa*. Estos términos se usaron con distinto significado en el pasado, pero lo mencionaremos para evitar posibles confusiones. Así, se conceptualizó la **teleología externa** –teleología extrínseca--, como refiriéndose a que la meta final de un proceso teleológico es para uso o beneficio –bien--, de otro ser o de otra estructura funcional biológica que el que la genera; un ejemplo de este tipo de teleología sería la actividad de una proteína enzimática estructurada para generar una enzima que actuará sobre otro substrato diferente al que la produce. Este destino del proceso teleológico de utilidad para otro ser o estructura funcional, ayuda a entender la subordinación de diferentes seres o de estructuras funcionales, como es claramente evidente en los seres vivos en su conjunto, y en su constitución estructural-funcional particular. De este modo entendida, la teología externa se ha prestado a malas interpretaciones y abusos, atribuyendo fácilmente a la finalidad, un carácter antropomórfico (para servicio del hombre), por esta razón se evita esta interpretación, aunque todavía se encuentra en la literatura; por ejemplo, para distinguir los objetos inanimados (con solo teleología externa, o, como se llama en los círculos especializados: *transeunt*), de los seres animados (con teleología 'interna', y también *transeunt*; como se aprecia en las unidades funcionales interconectadas constituyentes de los organismos, y también en la cadena alimenticia del conjunto de los seres vivos) (Torley VJ., April 28, 2010). Para ilustrar el mal uso que se ha hecho de este modo de describir la teleología externa, basta recordar el comentario satírico de Voltaire, apelando a la teleología intrínseca: "...es claro que si la nariz no fue hecha para usar gafas, lo fue para el sentido del olor". (Dubray, Charles). La **teleología interna o intrínseca,** en cambio, tiene su fin en el ser mismo en el que se realiza; *el fin es la perfección de su propia naturaleza.*

Pero también se encuentra en la literatura el uso de los términos *teleología externa y teleología interna*, no ya en conexión con el destino de la causa final, sino que con respecto a la fuente responsable del proceso teleológico; este es el sentido más usual con que se usan estos términos en la actualidad. Así, cuando este proceso proviene de la *naturaleza* misma del objeto en que se realiza el proceso teleológico – incluyendo la causa final-, se dice que se trata de una teleología interna o intrínseca. Cuando esta fuente radica fuera del objeto, se habla de teleología externa, un ejemplo de este tipo de teleología externa son los artefactos construidos por el ser humano. La teleología de Aristóteles y de Santo Tomás –ambas basadas en la *naturaleza* del objeto--, son del tipo de teleología interna, aunque en el caso de Santo Tomás, el responsable último de su concepción teleológica es Dios, una fuente externa al objeto, por lo que se podría decir que también es un tipo de teleología externa.

Para ilustrar esta situación, consideremos la teleología de una ameba, lo primero que hay que determinar es si este organismo está estructurado teleológicamente, y claro encontraremos que todos sus procesos biológicos --unidades funcionales--, están conectadas para una finalidad: el desarrollo, la supervivencia y la reproducción de este organismo. Esta meta es distinta de las funciones individuales de sus partes. Habitualmente se dice que la totalidad –el resultado final--, es mayor que la suma de sus partes, pero este aforismo o esta descripción del funcionamiento de un ser vivo no parece claro, porque aquí no estamos sumando solo unidades homogéneas, sino también estructuras funcionales diferentes de modo que su suma no tiene sentido, no es informativa. Pero si lo es, decir que la meta final es cualitativamente diferente que todas las funciones individuales. Este mismo tipo de análisis que se aplica a la ameba, se puede realizar en un automóvil, *un artefacto*; tanto una ameba como un automóvil son estructuras de orden teleológico, de modo que cuando decimos que la primera tiene una teleología interna y la otra una teleología externa, no nos estamos refiriendo al funcionamiento teleológico de estas estructuras, sino a la causa de esta teleología. La teleología que exhibe la ameba proviene –es producto--, de la ameba misma: de su *naturaleza*; la del automóvil –artefacto-, en cambio, es un producto ensamblado por un agente externo: seres humanos, que utilizan las propiedades de algunos objetos para construirlo. De manera que no se puede disputar que la ameba y el automóvil son estructuras teleológicas – con 'orden teleológico'. Lo que se está describiendo con los adjetivos interno y externo es el origen de la organización teleológica de estas estructuras. Reconocer que la teleología de un automóvil es externa, proveniente de la acción humana, no genera ninguna dificultad ni polémica; en cambio, decir que la teleología de una ameba es interna constituye una respuesta incompleta e insatisfactoria. Porque la cuestión básica es, ¿cómo es esto posible?, se necesita una elaboración y una explicación, y esto lo que ofrece el neotomismo, y también la TDI ofrece una respuesta.

Naturalmente que *el entendimiento naturalista estricto del orden teleológico*, niega la teleología metafísica, y también el reconocimiento de que la configuración de 'orden teleológico' muestre un propósito, o simplemente –si se quiere--, la característica sorprendente de su direccionalidad funcional, que sin duda, merece reflexión y una explicación apropiada. En suma esta postura ideológica, niega lo obvio para reducirlo a un fenómeno 'natural' producto de las leyes naturales conocidas en combinación con el azar, y el tiempo que lo hace todo posible; una especulación sin respaldo de evidencias. Para esta visión naturalista cerrada y dogmática de los fenómenos biológicos, no hay teleología intrínseca, ni extrínseca, simplemente no hay teleología.

De modo que un *artefacto presenta una acción teleológica de tipo externo –extrínseca*; esto plantea el problema que, si consideramos las estructuras biológicas teleológicas como artefactos, tenemos que enfrentar la cuestión del origen de la fuente inteligente que genera la estructuración teleológica de las configuraciones biológicas; y sobre todo, la concepción de artefacto para los seres vivos, es simplemente anti intuitiva. En los próximos capítulos de este trabajo veremos cómo se ha venido enfrentando este problema.

BIBLIOGRAFÍA

Aquino, Santo Tomás. Suma Teológica.
http://hjg.com.ar/sumat/a/index.html (Accedido: Enero del 2016.)

Dubray, Charles. "Teleology." The Catholic Encyclopedia.
http://www.newadvent.org/cathen/14474a.htm   (Accedido: Enero del 2016.)

Feser, Edward (April 16, 2010) ID theory, Aquinas, and the origen of life: A reply to Torley.
http://edwardfeser.blogspot.com/2010/04/id-theory-aquinas-and-origin-of-life.html (Accedido en Abril del 2016).

Feser, Edward (March 15, 2011) Thomism versus the design argument.
http://edwardfeser.blogspot.com/2011/03/thomism-versus-design-argument.html
(Accedido en Abril del 2016)

Luskin, Casey (February 20, 2015) The Top Ten Scientific Problems with Biological and Chemical Evolution.Discovery Institute
http://www.discovery.org/a/24041   (Accedido: Febrero del 2016)

Monod, Jacques (1974). Chance and Necessity. Fontana.

Torley Vincent J., (April 27, 2010). What a living thing is, what an artifact is, and why the first living thing would have been. (Part One of a Response to the Smithy.) En:
Uncommon Descent:
http://www.uncommondescent.com/intelligent-design/what-a-living-thing-is-what-an-artifact-is-and-why-the-first-living-thing-would-have-been-one-part-one-of-a-response-to-the-smithy/   (Accedido: Enero del 2016.)

Torley Vincent J. (April 28, 2010). Living things, Machines and Intelligent Design (Part Two of a Response to the Smithy). En: Uncommon Descent:
http://www.uncommondescent.com/intelligent-design/living-things-machines-and-intelligent-design-part-two-of-a-response-to-the-smithy/   (Accedido: Enero del 2016.)

Capítulo V

EL DISEÑO EN BIOLOGÍA SEGÚN WILLIAM PALEY

La teleología biológica como un artefacto

En el campo de la teología se considera generalmente que la prueba de la existencia de Dios ofrecida por el entonces influyente obispo anglicano inglés, William Paley (1743-1805), a comienzos del siglo XIX, presenta argumentos de tipo mecanicista para mostrar la magnificencia del diseño divino en la naturaleza. Paley publicó en 1802 su libro *Natural Theology: or, Evidences of the Existence and Attributes of the Deity en un intento para demostrar que el diseño de Dios en la Creación, podía ser visto en el beneficio* evidente del orden físico y social del mundo.

Paley recurrió fundamentalmente a la anatomía de los animales, y sus funciones, para formular los argumentos a favor de su tesis de diseño en biología. En este proceso, Paley infirió la presencia de artilugios, de las estructuras biológicas, con sus estructuradas piezas ajustadas finamente para la realización de un fin común (teleología). De esta manera, Paley capta e ilustra la organización inteligente que muestran las estructuras biológicas, y los artefactos generados por los artesanos, pero, aunque estos comparten semejanzas, particularmente por su configuración inteligente, Paley no los considera idénticos, incluso tiende a utilizar dos palabras diferentes para designarlos, y los artilugios además son para el autor, mucho más complejos y sutiles que los artefactos humanos; "sin embargo –escribe Paley—en una multitud de casos, no son menos, evidentemente mecánicos, ni son menos evidentemente artilugios, no menos evidentemente dispuestos para su fin, o ajustados a su tarea, que lo que están las más perfectas producciones de la creatividad humana." (Chapter III) No es difícil pensar que Paley se haya inclinado a utilizar análisis y ejemplos de tipo mecánico, puesto que la ciencia moderna, que ya había ganado prestigio en su tiempo, se imponía con fuerza con sus teorías y explicaciones de los fenómenos naturales. Pero esta influencia le inclinó por una filosofía de carácter mecanicista, al menos como ilustra y argumenta su prueba de la existencia de Dios.

La comparación de tipo mecánico más conocida de Paley es la llamada **Analogía del Relojero** --o Metáfora del relojero como también se le denomina--, que utilizó para comenzar su *Natural Theology*. La situación en que se realiza esta analogía, consiste en el encuentro fortuito de un reloj del que nada se sabe, pero el análisis y las reflexiones que realiza el que lo encuentra, al contrario que si fuera una piedra, muestran que sus piezas finamente elaboradas, están dispuestas y precisamente ajustadas, para realizar un fin común: apuntar la hora del día. Ante esta estructura, entiende su funcionamiento, e infiere que tiene que haber habido un(os) artesano(s) en el pasado responsable(s) de su *diseño funcional*; una conclusión que hubiera ocurrido, aunque nunca hubiera visto un reloj, o un artesano en su trabajo, y aunque el reloj no funcionara del todo correcto, o no conociera todas sus piezas. *La inferencia de diseño es inevitable ante la observación y análisis de la configuración funcional del objeto* (reloj); Paley estima que, ningún hombre con buen sentido, pensaría que este objeto (reloj) es el resultado de una mera combinación casual de formas materiales, ni producto de una ley natural de metales ("*metallic*nature"). Es importante notar que *Paley descarta el azar como posible factor causal de la aparición de un objeto con estas características.* Tampoco este sujeto se dejaría convencer de lo contrario, si se le digiera que nada sabe de este tipo de cosas, de modo que no puede sacar conclusiones, porque: "... él sabe la utilidad del fin de la construcción: él sabe de la subordinación y de la adaptación de los medios a un fin." [Teleología]. La ignorancia de detalles de la construcción del objeto, no invalida su razonamiento. (Paley, W. 2005); Chapter: 1)

Paley continúa elaborando su argumento en el Capítulo II; suponiendo que, para la sorpresa de su observador, el reloj en sus movimientos, genera otro reloj; esto es, que contenía en su interior las piezas necesarias para este propósito. Este suceso, con el descubrimiento de nuevos componentes dispuestos inteligiblemente, no solo aumenta su admiración, sino que además, incrementa la razón de pensar que el reloj es diseñado con supremo arte. Al reflexionar, piensa que el reloj inicial, es *en algún sentido,* el hacedor del segundo reloj, pero no en el sentido de ser la "... la causa de la relación de sus partes para su uso".... "...no en el sentido que fue el autor de la constitución y del orden..." del reloj y sus funciones. No en el sentido del planeamiento necesario para lograr los efectos de la disposición de sus piezas. Este entendimiento, aumenta la fuerza de su inferencia de un artesano en el origen del reloj inicial: "El argumento desde el diseño permanece como era."…. porque, "no puede haber diseño sin diseñador... [ni] orden sin elección,... [ni] subordinación y relación para un propósito; [ni] medios apropiados para un fin..." que, "...implican la presencia de inteligencia y de mente." De modo que la inteligencia que observamos en los mecanismos, no puede venir de un objeto inanimado como un reloj; que un reloj provenga de otro reloj no resuelve el problema, aunque retrocedamos a otros relojes anteriores, ni aunque se postulara una regresión al infinito, puesto que: el diseño observado y analizado en el reloj inicial, requiere un diseñador que lo explique. La pregunta clave es entonces: ¿Cómo llegó a la existencia el primer reloj?

El observador reflexionará que el hacedor del reloj inicial: "...fue, en verdad y en realidad, el hacedor de todos los relojes producidos por este." Y su conclusión será que el autor de esta construcción es un artífice que entendió y diseñó su uso. Esta es una conclusión incontrovertible para Paley, lo contrario no puede ser mantenido sin caer en el absurdo total; pero ocurre:

> "Esto es el ateísmo; porque *cada indicación de artilugio, es manifestación de diseño.*" *Y el diseño requiere un diseñador.*

Paley continúa en el Capítulo III de su *Natural Theology* con la aplicación de su argumento, y nos dice: "...*lo que existe en el reloj, existe en los trabajos de la naturaleza.*" La "única diferencia es que en la naturaleza estos artilugios son mayores y variados, y en número más alto que los de los artesanos." Y comenta: "...y en una multitud de casos, no son menos evidentemente mecánicos".../..."...no menos evidentemente acomodados a su fin..." Para ejemplificar esta igualdad utiliza la comparación del telescopio con el ojo; ambos se acomodan a las leyes naturales que rigen la trasmisión de la luz, para recogerla y conducirla adecuadamente a través de partes o piezas equivalentes en función (en el ojo llevar la imagen al su fondo); "ambos emplean el mismo mecanismo..." Qué uno sea un órgano que percibe y el otro un instrumento sin percepción, no cambia la analogía: "El hecho es que son ambos instrumentos." Aunque la percepción que es propia del ojo nos indica algo, no ya mecánico, algo que es inescrutable. La diferencia entre los artefactos humanos y los artilugios biológicos, es que en los primeros podemos comprenderlos en forma mecánica, en su totalidad; en cambio, en los segundos, llegamos a un punto en que no se puede avanzar más de esta manera. Paley continúa explayándose en algunos detalles de la comparación del telescopio y el ojo, y de la gran variabilidad de los arreglos de las piezas del ojo en biología, para protegerlo y mantener su optima función, de acuerdo a los distintos tipos de animales y de sus condiciones de vida, sin perder la configuración de carácter mecánico, y sin dejar uno de maravillarse de la grandeza del Creador. Pero estos pormenores, no son de particular importancia para este trabajo, ni tampoco el análisis que hace del desarrollo de los seres vivos y de las estructuras del cuerpo de los animales, de aves, de insectos y de otros organismos en los que muestra artilugios --e indicios de ellos--, de variada complejidad e integración, aunque tengamos muchas cosas que no sepamos y no entendamos. También analiza las plantas, pero es de opinión que los diseños son más evidentes en los animales. Incluso Paley comenta acerca de los elementos (químicos) y reconoce que sabemos poco de su organización, pero hace algunas observaciones acerca del agua y del aire como piezas que contribuyen a la vida y al ambiente, lo que serían indicios de relación e integración para una meta final. (Chapter XX)

Paley está consciente de que no siempre es manifiesto el artilugio en los seres orgánicos, por lo que afirmar: "Que un animal es una máquina, es una proposición, ni correctamente verdadera, ni totalmente falsa." *Paley sostiene que lo que es inteligible y cierto (mecánico), comienza o termina con algo que no entendemos todavía. Sin embargo, los grandes rasgos de estas partes aún pobremente entendidas, apuntan a integración de partes tipo mecánico;* Paley (Chapter: X) escribe por ejemplo, después de analizar diversas estructuras funcionales del cuerpo animal: "Todo esto comparte el resultado, se juntan en el efecto: y cómo todo esto se integró sin una inteligencia diseñadora que lo disponga así; es imposible de concebir."

En lo que respecta a la astronomía, Paley escribe: "Mi opinión de la Astronomía ha sido siempre que *no* es el mejor medio para probar la agencia de un Creador inteligente." (Capítulo XII) En astronomía se ven puntos y círculos luminosos, y fases de esferas reflejando la luz que reciben; se trata de situaciones simples, y la presencia de diseño requiere más *complejidad*; no tenemos material para realizar comparaciones y analogías, e inferir artilugios como en los animales. Hace excepción quizás, Saturno y sus anillos. Nuestro conocimiento de la astronomía, dice el autor, es admirable, pero imperfecto.

Las consecuencias teológicas que Paley desprende de su argumento, no las considero relevantes para el tema central de este trabajo; sin embargo, agrego solo un par de cosas para indicar el sentido último que tiene la obra de este autor. De acuerdo a Paley, Dios prescribe limitaciones a su poder, como el respetar las leyes naturales sin distorsionarlas ni atropellarlas, y piensa que: "El artilugio, por su misma definición y naturaleza, es el refugio de la imperfección." Esto debido a que estas construcciones respetan las leyes naturales y dependen de los medios disponibles, lo que es de suyo una limitación. Sin embargo: "Es solo por la muestra del artilugio, que la existencia, la agencia, la sabiduría de la Divinidad, puede ser testificada a las criaturas racionales.".......".....es en la construcción de instrumentos, en la elección y adaptación de los medios, que la inteligencia creativa se ve." Dios utiliza estos instrumentos –artilugios--, para su creación. Con respecto *las leyes naturales* y su posible capacidad de generar estructuras vitales, Paley (TN 8) escribe: "Es una perversión del lenguaje asignar a cualquiera ley, como la causa eficiente, operativa de cualquier cosa. *Una ley presupone un agente; por lo que solo es del modo de acuerdo al cual el agente procede.*" Esta es una interesante observación que apunta al problema del origen de los fenómenos, que en nuestra ciencia contemporánea se ignora; por ejemplo: ¿Cuál es el origen de las cuatro fuerzas fundamentales de la naturaleza? Y si se tiene una respuesta teórica, la pregunta se vuelve a repetir a otro nivel: ¿Cuál es el origen de ese origen? Y así sucesivamente. Esta nota de Paley trasluce un problema filosófico que acosa a la ciencia de la naturaleza, y muestra una frontera ineludible para una ciencia reflexiva, una frontera con la metafísica.

Desde la perspectiva de la metodología del acercamiento de Paley a las estructuras teleológicas, Torley VJ (December 30, 2012) comenta y señala, que es importante tener claro que el autor *infiere* de la sabiduría e inteligencia implícitas en su configuración, una causa inteligente en el origen de las estructuras que observa; esta es una inferencia directa – empírica--, realizada desde la observación de complejidad inteligentemente organizada: *"...deducimos diseño –escribe Paley--, de las relaciones, aptitud y correspondencia de las partes"*. No se trata de un argumento inductivo, basta la observación de un solo reloj para constatar una organización orientada a un fin, y un origen inteligente de este objeto. *Esta inferencia a partir de la observación de un reloj, no es diferente de la que se efectúa con la observación y el análisis de las estructuras de los seres vivos.* Tampoco se trata de una conclusión derivada del principio: a un mismo efecto, una misma causa, que se basaría en la observación de la causa de muchos relojes, y se proyectaría analógicamente a la causa 'desconocida', de las estructuras similares de los seres vivos. De modo que el argumento de Paley no sería ni inductivo ni analógico –aunque el autor habla de analogías en algunas secciones de su obra--, sino que más bien sería un *argumento de tipo causal* (origen inteligente) de la organización de partes coordinadas dirigidas a una meta. El argumento de Paley no es por tanto, vulnerable a las críticas de analogía o inducción, y menos aun, a aquellas que lo puedan catalogar como un 'creacionista' que recurre gratuitamente al poder de Dios, para demostrar la existencia del orden teleológico; contrariamente, la dirección lógica del argumento es inverso.

Sin embargo, no se puede ignorar, que, aunque los argumentos de Paley no sean inductivos ni típicamente analógicos, no disminuye la aguda crítica de mecanicismo que recibe de los autores aristotélicos-tomistas, al referirse nuestro autor, en sus múltiples ejemplos, al ordenamiento (inteligente) de piezas preexistentes, sometidas a las fuerzas naturales, como lo son los relojes y el telescopio, que compara a las estructuras biológicas teleológicas para ilustrar la presencia de inteligencia en su configuración.

Con el uso de comparaciones —y también de analogías--, de tipo mecánico que hace Paley, es entonces, fácil pensar que su visión de los seres vivos, es como una construcción mecánica, con sus partes organizadas para una función final —esto es, teleológicamente--, este ordenamiento atribuido a Dios, ha sido interpretado frecuentemente por los autores aristotélico-tomistas, como realizado desde fuera de los organismos, en forma extrínseca a sus partes constituyentes, lo que significa desde esta perspectiva, que los seres vivos son meros artefactos manejados desde fuera. En otras palabras, los ejemplos de Paley se han considerado indicativos de una concepción mecanicista de los seres vivientes, y del mundo.

Las *críticas a la concepción de Paley como mecanicista*, provienen de diferentes vertientes. Algunos críticos sostienen que la ciencia biológica ha demostrado que la fina organización teleológica observada en los seres vivos no necesita de un diseñador divino para justificar su existencia; estos autores claman que la selección natural, actuando sobre variaciones (mutaciones) propicias, va dando cuenta de la evolución y del diseño de los organismos. Como ya hemos señalado, esta afirmación no ha sido demostrada científicamente, y existen numerosas observaciones que invalidan muchas de las especulaciones de la teoría evolucionista. (Casey Luskin (February 20, 2015). Ruiz, Fernando (2016: Capítulo V.))

La otra fuente de críticas de Paley proviene de la filosofía tradicional aristotélico-tomista que rechaza la visión mecanicista del mundo, como un artefacto ensamblado por Dios; el mecanicismo de Paley lo ven algunos autores neotomistas en lo que consideran su negación de una teología inmanente de las estructuras biológicas (Feser, E., 2009. pp 115). Como ya se ha mencionado en apartados anteriores, para los autores de esta tendencia, al renunciar a la causa final –*telos*--, el mecanicismo queda reducido solo a la causa eficiente reducida y sin dirección; la organización de los artefactos mecanicistas se debe a la causalidad del artesano, o de Dios para los objetos naturales concebidos como artefactos mecánicos. El proceso de desarrollo metafísico neotomista (A-T) basado en la *naturaleza* misma de las cosas, no se encuentra presente en los artefactos, que son construidos y funcionan en base a una teología externa o extrínseca, estos solo cuentan con una causalidad 'eficiente' debilitada y ciega, meramente mecánica. La critica también señala que este vacío de elementos metafísicos con explicaciones causales, suficientes y autónomas, da pie a algunos autores, para recurrir a la Divinidad, y suplir así esta carencia, con el riesgo de caer en una especie de semi-*ocasionalismo* (doctrina filosófica árabe medieval, que niega eficiencia de la causalidad natural, y atribuye a Dios la causa de la dinámica natural).

Tanto el neotomismo, como la postura de Paley apuntan a una inteligencia superior envuelta en la génesis del orden teleológico, pero la elaboración filosófica explicativa de esta situación, y el carácter del creador inteligente son diferentes en las dos tesis. *La elaboración teórica aristotélico-tomista es metafísica*, en cambio *los razonamientos de Paley son considerados mecanicistas*, por no tomar en cuenta la causa final inherente a los objetos naturales, ni tampoco la causa formal, limitándose al ensamblaje con uniones regidas por las leyes naturales. En lo que se refiere a la inteligencia, la filosofía aristotélico-tomista reconoce que para crear artefactos, es necesario contar con una gran capacidad, pero se trata de *una inteligencia mayor de tipo ingenieril, una inteligencia concebida en forma antropomórfica*, una inteligencia que manipula y ordena cosas preexistentes dotadas de su propia naturaleza, una inteligencia incompatible con la infinita inteligencia y sabiduría del Dios que verdaderamente crea los objetos naturales, con su propia naturaleza y con las posibilidades de funcionamiento teleológico inherente; esta filosofía tampoco acepta que Dios cree objetos naturales para luego ensamblarlos o manipularlos. El Dios tomista no es un mecánico, es un creador de cosas, de objetos inertes y de seres vivos; Dios crea juntando una esencia a un acto de existencia – una verdadera creación de la nada--, de modo que la esencia es un compuesto de la sustancia de todo objeto natural, que lo dota de propiedades inherentes; estas características de las cosas naturales en la visión neotomista, son ajenas al mecanicismo. Estas diferencias son consideradas, por muchos autores de esta corriente filosófica, como una incompatibilidad fundamental entre estas dos tesis, la aristotélica-tomista y la propuesta por el obispo Paley, y también la Tesis del Diseño Inteligente.

En el fondo de esta incompatibilidad, se encuentra en el neotomismo, el interés de proteger la vialidad de la V Prueba de la existencia de Dios de Santo Tomás, que está basada en el principio de la causalidad final (inherente en los objetos naturales), y en el principio de razón suficiente: todo lo que acontece tienen una razón suficiente para ser así y no de otra manera, si no se encuentra es porque no se conoce todavía. De acuerdo a estos autores, la ausencia de la causa final (teleología) del mecanicismo, no permite derivar –deducir--, el Dios creador, solo se puede inferir un gran mecánico –un demiurgo o un supremo artesano--, que no se da la existencia a sí mismo; su existencia depende de otro ser superior a él; su esencia y su existencia no son idénticas, como en el verdadero Dios. Con esta prueba de carácter metafísico, el neotomismo puede lograr la concepción de un Dios creador, que crea uniendo la esencia con la existencia, un Dios como Pura Actualidad --como acto puro--, sin potencia alguna, porque la potencia implica potencial para un fin (realización de algo que no se tiene, inconcebible para la perfección absoluta de Dios). *Para los neotomistas, mientras los argumentos no vayan más allá del orden físico de las cosas, y mientras no se utilice la elaboración metafísica pertinente, no es posible remontarse al verdadero Dios, y por tanto no se puede eliminar el naturalismo* (E. Feser, 2011: On Aristotle...). En palabras de Feser E. (March, 15, 2011): "El problema con estos argumentos [Paley y TDI] es más bien que *ellos no te acercan ni un milímetro* al Dios del teísmo clásico, y en verdad, te alejan positivamente del Dios del teísmo clásico." Para este autor, los argumentos realizados en el orden físico –natural--, en el terreno de la ciencia –incluyendo la biología--, no son capaces de llevarnos a lo metafísico, por no contar estas estructuras, con los elementos metafísicos básicos con que esta filosofía entiende los objetos naturales, particularmente a los seres orgánicos. Sin estos elementos básicos (*forma substancial*, causa final, propiedades inherentes, etc.) de los objetos naturales, no se puede argumentar y probar la existencia de Dios, ni deducir intelectualmente sus atributos, como, el ser 'pura actualidad' (concepción de Dios esencialista), y sustento del ser de la naturaleza y de sus manifestaciones; en principio resulta imposible demostrar filosóficamente que las cosas concebidas mecánicamente –artefactos–, necesitan de alguien que los mantenga en existencia. Con esta cerrada creencia en la certeza de los conceptos metafísicos del neotomismo, no se puede dejar de considerar esta concepción metafísica, como decididamente reduccionista, y con una fe extremada en las posibilidades de la razón, especialmente notoria, si se considera que la creencia en la existencia del Dios vivo trinitario de la tradición judeo cristiana es, en última instancia, un acto de fe, iluminada por la gracia divina.

Aun se puede agregar otra crítica a Paley, realizada por E. Feser (May 4, 2011), y se refiere a la manera como *Paley aplica predicados en forma unívoca a diseñadores humanos y a Dios*, sin distinguir los niveles de magnificencia y superioridad, que separan a Dios de los hombres. La predicación unívoca es inconcebible en consideración a estas diferencias, solo es posible hacerlo en forma *analógica,* como lo enseñó Santo Tomás, esto es, teniendo en cuenta las diferencias inmensas que separan la Divinidad de los seres humanos; solo la analogía cabe para referirse a Dios. El uso de referencias analógicas unívocas, proyecta un carácter antropomórfico a Dios. Por lo que, aunque Paley reconoce las diferencias inmensas entre los artilugios naturales y los artefactos construidos por los seres humanos, la predicación unívoca debilita el argumento para explicar la existencia de Dios.

De modo que, simple y concretamente, para la corriente de pensamiento neo-tomista, sacar conclusiones de comparaciones o analogías con artefactos es un sin sentido, porque Dios no crea artefactos, sino que objetos naturales con sus tendencias y propiedades inherentes dirigidas a un fin en forma natural; esto es, con naturaleza y teleología inmanente, que son lo único que nos puede llevar a la prueba racional de la existencia de Dios.

Además es oportuno agregar que algunos neotomistas no aceptan la intervención directa de Dios en los aspectos naturales de su creación, ya que según la interpretación de estos teólogos, Dios dotó a los objetos naturales de propiedades inherentes para un desarrollo independiente – autónomo--, del mundo; estas son las conocidas *causas segundas*, en las que capitalizan las leyes naturales utilizadas por la ciencia humana; si Dios actuara en el mundo, puntual y repetidamente, no se podría concebir la ciencia como se conoce hoy en día, y con el éxito que se tiene. (S. Collado, 2008) De manera que si no contamos con leyes naturales capaces de generar estructuras funcionales teleológicas, hay que esperar a que se descubran las leyes naturales que lo hagan; leyes que tendrían que poseer capacidad de organizar estructuras teleológicas, o sea, *leyes o principios de orden con inteligencia*, lo que no es fácil de sostener científicamente, ni de diferenciar de la acción creadora de Dios. Otros teólogos más impacientes, se adosan a la teoría evolucionaria, argumentando que esta doctrina es válida, y solo aparentemente no-guiada, puesto que Dios omnipotente está en control de todo lo que sucede en su creación. Naturalmente esta posición genera problemas teológicos de suyo, y supone que la teoría de la evolución está probada científicamente --lo que no es efectivo. Y además, esta teología es considerada por los científicos como una creencia subjetiva sin implicaciones; y obviamente, es tomada como beneficiosa para su causa, por los adherentes a la ideología materialista que descartan lo teológico. Sin embargo, no todos los autores neotomistas participan de la interpretación de la tradición tomista como impidiendo a Dios actuar en los procesos naturales para salvaguardar la autonomía del mundo.

No es el propósito de este trabajo analizar las ideas de Paley en detalle, pero lo que sí es importante notar, es que una interpretación mecanicista de sus escritos, o sea, los seres vivos como artefactos generados por Dios, encuentra como hemos visto, una acerada crítica y oposición en los autores aristotélico-tomistas. Estos autores asimilan esta interpretación del trabajo de Paley, como un claro precedente de la concepción de los seres vivos de la tesis del diseño inteligente (TDI), que critican como artilugios; por este motivo muchos adherentes a esta tesis, analizan la obra de Paley para mostrar que el supuesto mecanicismo de este autor, es una interpretación errada, al menos tomada como exclusiva. En este sentido, Torley VJ. (January 1st, 2013) extrae numerosas citas de *Natural Theology*, para mostrar que Paley adscribe a una teleología inmanente, real e irreducible, y que cree en la causa final en los seres vivos (intrínseca), y, que además, todos los objetos poseen naturaleza con 'formas organizadoras' (como moldes que organizan las partículas constituyentes. [Formas que nada tienen que ver con el principio metafísico de *forma*]). Este autor recoge varias concepciones y conceptos utilizados por Paley, para mostrar su cercanía al aristotelismo-tomista; entre estos menciono: los objetos naturales – animados e inanimados--, tienen poderes (causas segundas): pasivos y activos; la materia es pasiva: 'inercia', pero también tiene algunas propiedades activas (elasticidad, trasmisión del sonido, magnetismo, etc.); los seres vivos tienen 'tendencias' (ej.: instintos) y los seres dotados de espíritu poseen otros poderes. Todos estos poderes, tendencias y propiedades de los seres vivos apuntan, en la obra de Paley, a una inteligencia responsable. Sin embargo, Torley comenta que Paley — contrario al aristotelismo-tomista--, no aceptó las "formas esenciales" y consideró que las substancias materiales son por naturaleza, estructuradas y divisibles; a lo que hay que sumar, la ausencia de la distinción de acto y potencia, y la aplicación de predicados unívocos a Dios y a los diseñadores humanos. De manera que el pensamiento de Paley, de acuerdo al análisis e interpretación de Torley, se acercaría a la filosofía de Tomás de Aquino; según este autor, Paley describe frecuentemente en forma mecánica para mostrar las características inteligentes de la organización de lo vivo, pero no lo identifica como un artefacto propiamente tal. Torley explica la postura de Paley así: "…sería justo describir a Paley como un *teleomecanicista* [esto es, quien mantiene que ambos entendimientos, teleológico y mecánico, de los seres vivos son igualmente fundamentales *e* igualmente esenciales] …. él compara explícitamente animales y máquinas, y escribió que si supiéramos suficiente acerca de las leyes que gobiernan las cosas vivas, podríamos describir sus movimientos en términos mecánicos." Esta descripción de Torley, es un tanto equívoca, ya que parece que la explicación última de las cosas sería mecánica. Es efectivo que Paley sostiene que no todo lo vivo puede explicarse mecánicamente, pero también es cierto que tiende a ver indicios de mecanicismo en estas áreas oscuras, de las que poco sabemos y permanecen inescrutables. Torley VJ (December 30, 2012) reconoce que Paley en su obra, escribe: "…en los trabajos de la naturaleza encontramos mecanismos," (Capítulo XXIII), pero agrega, el autor nunca declara que la naturaleza en sí, es un mecanismo gigante." Además, Torley VJ (December 2012) agrega que Paley al usar descripciones mecánicas: "No está negando que las partes de las cosas vivas tengan una *tendencia inherente* a funcionar juntas. Todo lo que dice es que las partes de las cosas vivas, como las de las máquinas, están arregladas y coordinadas para servir algún fin." Además, este fin –señala este comentarista--, es *extrínseco* en los artefactos (sirve a otros), e *intrínseco* en los seres vivos (la finalidad es en servicio propio). Por lo que, en base a estos comentarios de Torley, y las citas que recoge, no resulta fácil catalogar a Paley como un mecanicista a ultranza, al menos el autor es claro diciendo que los seres vivos –en su tiempo--, no se pueden describir completamente en términos mecánicos. Pero es obvio también, que tampoco Paley en modo alguno se le puede catalogar como aristotélico-tomista, ni siquiera cercano a ello, porque muchos de los términos que utiliza, aunque semejantes a los usuales del aristotelismo-tomista, tienen connotaciones diferentes; y, además, faltan en Paley, los conceptos elementales para la edificación de la estructura metafísica neotomista, que es considerada por sus adherentes como el "entendimiento genuino" del mundo ("genuine insight"), y naturalmente también de Dios. Por esto, autores como E. Feser (March 15, 2011), consideran incompatibles la tesis de Paley --y también la TDI que veremos más adelante--, con el aristotelismo-tomista; estas tesis de acuerdo a Feser, quedan reducida a la esfera del orden físico, sin poderse remontar a lo metafísico para describir adecuadamente los seres vivos y alcanzar un entendimiento adecuado de Dios. Lo que queda claro en esta revisión, es que las descripciones de Paley se inclinan claramente en una dirección mecanicista de las estructuras biológicas, que no hay un desarrollo nítido de las ideas y conceptos básicos, lo que genera interpretaciones varias, y que no es fácil destacar similitudes significativas con el neotomismo. Torley VJ por su parte concluye que Paley es más bien, un teleomecanicista, y escribe (Torley VJ, December 30, 2012): "No podemos entender adecuadamente lo que es un organismo, al menos que captemos su *telos*, y al mismo tiempo, captemos su trabajo mecánico, que explica sus movimientos corporales." Este concepto de teleomecanicista parece una descripción concreta, empírica de las estructuras biológicas, que carecen de la estructura metafísica de acuerdo a sus opositores tomistas, y que estos catalogan de mecanicista.

BIBLIOGRAFÍA

Casey Luskin (February 20, 2015) The Top Ten Scientific Problems with Biological and Chemical Evolution.Discovery Institute
http://www.discovery.org/a/24041   (Accedido: Febrero del 2016)

Collado, Santiago (2008). Teoría del Diseño Inteligente (Intelligent Design).
http://www.philosophica.info/voces/diseno_inteligente/Diseno_inteligente.html#toc1
2 (accedido en Abril del 2016)

Feser, Edward (2009). Aquinas. Oneworld, Oxford

Feser, Edward (March 15, 2011) Thomism versus the design argument.
http://edwardfeser.blogspot.com/2011/03/thomism-versus-design-argument.html
(Accedido: Febrero del 2016)

Feser, Edward (2011). On Aristotle, Aquinas, and Paley: A Reply to Marie George.
Evangelical Philosophical Society.
http://www.epsociety.org/library/articles.asp?pid=83 (Accedido en Abril del 2016)

Feser Edward (May 4, 2011). Reply to Torley and Cudworth. En E. Feser blogspot.
http://edwardfeser.blogspot.com/2011/05/reply-to-torley-and-cudworth.html
(Accedido en Abril del 2016)

Paley, William (1809). *Natural Theology: or, Evidences of the Existence and Attributes of the Deity*. 12th edition London: Printed for J. Faulder. http://darwin-online.org.uk/content/frameset?itemID=A142&pageseq=1&viewtype=text
(Accedido: Febrero, 2016)

Ruiz, Fernando R. (2016). Reflexiones sobre las vicisitudes de la información. OIACDI.

Torley Vincent J (December 30, 2012) Paley's argument from design: Did Hume refute it, and is it an argument from analogy?
http://www.uncommondescent.com/intelligent-design/paleys-argument-from-design-did-hume-refute-it-and-is-it-an-argument-from-analogy/ (Accedido: Febrero del 2016)

Torley Vincent J (January 1st, 2013). Was Paley a Mechanist?
http://www.uncommondescent.com/intelligent-design/was-paley-a-mechanist/
(Accedido: Febrero del 2016.)

Capítulo VI

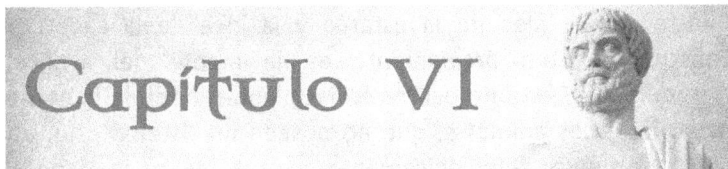

DESAFÍO DE LA TDI A LA CIENCIA NATURALISTA DOGMÁTICA

Teleología y descripción de orden teleológico

En un apartado anterior ya nos referimos al cambio que sufre la concepción teleológica metafísica del aristotelismo-tomista con la Revolución científica del Siglo XVII, pero aun sabiendo que caemos en un poco de repetición, creo que es conveniente que revisemos nuevamente este proceso, brevemente, para enfatizar la importancia de tener claras las diferencias de las dos concepciones del término teleología. El giro en el entendimiento de la ciencia natural que impulsó la Revolución científica, eliminó la *causa formal* básicamente por intangible, y también la *causa final*, objetando que se prestaba para abusos haciéndola aparecer frecuentemente como para el servicio y utilidad del ser humano, particularmente en la teleología de los animales y plantas, en cuanto organismos completos; pero claro, no en la teleología de los segmentos teleológicos de componentes de estos organismos que tienen metas parciales, aunque necesarias para la totalidad del ser viviente. Otra objeción que se ha realizado a la causa final desde entonces, es señalar que en esta causalidad se supone la causa (el objeto meta) antes de que sea real; esto no sucede en los actos humanos teleológicos, como por ejemplo, el escultor que crea una estatua, o el arquitecto que construye una casa, puesto que la idea de la estatua y la idea de la casa por construir, existen previamente en la mente del artífice. Naturalmente, esto no ocurre en las plantas, ni en la inmensa mayoría de los animales, que no poseen un sistema psíquico capaz de pensar teleológicamente, excepto el ser humano, y quizás en los animales superiores muy desarrollados. Ni tampoco ocurre en las estructuras teleológicas del substrato bioquímico que soporta la vida de todos los organismos vivos, y que obviamente no posee conciencia alguna.

Para la filosofía aristotélico-tomista, este problema de la teleología no constituye ninguna dificultad, puesto que la *causa* final es dependiente de la *forma* (forma substancial en los organismos constituidos), que contiene todas las características morfo-funcionales que adopte un organismo, y es responsable de todas sus propiedades inherentes. La *forma* es el principio metafísico que constituye, junto con el otro principio metafísico: la *materia prima,* la *substancia* del objeto natural; esto es su *naturaleza.*   La *forma* es en Aristóteles eterna, y, simplemente es natural; pero en Santo Tomás de Aquino, la *forma*, es proveniente de una idea ejemplar existente en la mente de Dios como un arquetipo, con el que la Divinidad crea los objetos naturales; de manera que el problema de la meta de la causa final desaparece, puesto que está determinada previamente en la *forma*. Como es fácil comprender, esta concepción metafísica genera muchas interrogantes, basta preguntarse cómo están inscritas esas propiedades y características en la *forma* que se hace *forma substancial,* y de este modo se materializa; y, si esta es una idea de Dios, cómo se diferencia o se separa de la acción directa de Dios dirigiendo constantemente el desarrollo y vida de los organismos. Sin duda en este terreno entramos en un área de complejidad y misterio, que es tarea de los especialistas dilucidar.

De modo que la ciencia moderna sin contar con la *forma*, considera las estructuras biológicas de tipo teleológico, solamente desde el punto de vista descriptivo –empírico--, como una organización de elementos orgánico-funcionales que operan en conjunto, produciendo un efecto resultante específico, cualitativamente diferente a las acciones de los componentes de la estructura teleológica. De manera que con el vocablo 'teleología' tenemos dos significaciones, la tradicional metafísica, y la moderna empírica descriptiva. En biología se continúa usando el término teleología, pero sin connotaciones metafísicas, solo en forma descriptiva funcional, que –como veremos en seguida--, la TDI va a considerar, diseños, por tanto generadas inteligentemente.

Tesis del diseño inteligente (TDI)

La Tesis del diseño inteligente (TDI) sostiene que en la naturaleza encontramos numerosos fenómenos y estructuras cuyo origen y presentación no son susceptibles de ser entendidos como consecuencia de las acciones de las leyes naturales conocidas, aún en combinación con el azar, puesto que su complejidad y organización son tan marcadas, que para invocar el azar se necesitaría un tiempo mucho mayor que la edad real del universo. Esta caracterización del DI, se puede considerar como probabilística en un mundo concebido de manera mecanicista, como ha sido el de la ciencia moderna y contemporánea, en el que se ha gestado la TDI. Una caracterización más precisa y específica de esta Tesis, es señalar la estructuración formal y funcional de los fenómenos observados, especialmente en biología, para inferir una causa inteligente en su organización. Ya hemos visto que las unidades funcionales teleológicas son muy numerosas en los organismos vivos, y su observación y análisis, muestran con claridad que su configuración denota una estructuración organizada de elementos variados para generar una meta funcional particular; sea esta una coordinación sincrónica o escalonada. Este tipo de configuración, en nuestra experiencia diaria, y en la observación objetiva y controlada, señalan claramente que un poder causal que pueda generar este tipo de estructuras debe contar con capacidad de formular un propósito y un plan para llevarlo a cabo, lo que requiere, capacidad de elección y discernimiento. El único poder causal conocido con estas características, es una *acción inteligente*. Con esta evidencia empírica se infiere, que estas estructuras biológicas con orden teleológico se pueden entender como producto de una acción inteligente; esto significa que la configuración de este orden es diseñado, por lo que se le denominan en esta Tesis como, **Diseño Inteligente**. Estas configuraciones se llaman *diseños*, para enfatizar que su composición estructural y funcional, apunta a una acción inteligente para su comprensión y su origen. La inferencia de acción inteligente se presenta en biología, como una hipótesis abierta a la competencia explicativa de hipótesis alternativas adecuadamente fundamentadas en evidencias concretas. El orden teleológico observado en las estructuras funcionales así configuradas, y la combinación sincronizada, o escalonada (procesual), de estas estructuras para fines comunes, que finalmente logran el funcionamiento del organismo completo, se consideran diseñadas por exhibir todas, una organización compleja dirigida a generar un propósito final: proveer el soporte orgánico para la vida del organismo, su desarrollo y lograr capacidad de reproducción.

Cuando se habla de teleología en la TDI se refiere a la disposición inteligente de los elementos funcionales para generar un efecto resultante común. Esta teleología es empírico-funcional, no tiene carácter metafísico; si lo tuviera, entraría en un terreno ajeno al de la ciencia y su metodología.

Es importante señalar que la TDI no intenta desplazar, ni distorsionar la ciencia 'mecanicista', solo propone expandir el poder causal aceptado por la ciencia, para explicar adecuadamente numerosos fenómenos naturales, particularmente, las estructuras biológicas que soportan la vida.

La TDI al postular una acción inteligente implica un agente consciente y con las capacidades propias de la inteligencia (propósito, planeamiento, elección, discernimiento), como responsable de esta acción; pero es muy clara y explícita, explicando que desde la ciencia no se puede entrar en elaboraciones ni especulaciones acerca de la naturaleza y propósitos de este agente inteligente, ni en la manera cómo se generaron estas estructuras. Esta es materia para el estudio fundamentalmente de la metafísica y de la teología; la TDI no se adentra en este terreno, permanece en el ámbito de la ciencia. La TDI no es una filosofía, ni una religión, sino una perspectiva científica frente a las estructuras de orden teleológico en biología, pero reconoce que la apertura a la metafísica no se puede dejar de lado en ciencia, lo que es particularmente evidente en esta disciplina.

La TDI no presenta 'mecanismos', ni 'procesos' de generación de estas estructuras teleológicas, que permitan pronosticar sucesos de esta naturaleza, pero al incorporar la dimensión de organización inteligente estructural-funcional en el campo de la ciencia, específicamente en la actividad bioquímica, permite entender adecuadamente, y justificar, la organización formal –diseño--, con causalidad descendente (top-down) que se observa y se acepta en la práctica de las investigaciones biológicas. La causalidad ascendente (bottom-up) es propia de la concepción mecanicista, basadas solo en las simples leyes físico-químicas, sin capacidad causal organizadora, y por tanto, insuficientes para entender y describir coherente y adecuadamente las funciones biológicas, resultado de configuraciones estructurales dirigidas a funciones específicas. La incorporación de estas estructuras organizadas para fines funcionales, abre una dimensión importante para la investigación y comprensión de los fenómenos biológicos.

Me parece importante enfatizar que la TDI propone la presencia de inteligencia en las estructuras biológicas de orden teleológico, esto es, una acción inteligente para que estas estructuras se presenten como lo hacen en el terreno de la ciencia: diseño inteligente. Pero esta Tesis no especifica cómo tuvo lugar esta operación, si ocurrió por una acción directa de un agente inteligente sobre material existente, o si ocurrió por acción de propiedades inherentes en esos materiales, o por alguna otra razón metafísica o teológica, o científica. Esta es un área abierta, tanto a la investigación de la ciencia, como a consideraciones metafísicas. Este rasgo de la TDI se debe recalcar y tener presente, para evitar caer en polémicas filosófico metafísicas innecesarias. Un ejemplo de una polémica frecuente y sostenida, es la cuestión de si la concepción del diseño inteligente de las estructuras diseñadas es tipo artefacto (concepto básicamente filosófico); porque para resolver este dilema habría que saber cómo la acción inteligente elaboró o generó estas estructuras que estudia la bioquímica, y esto no es parte de la TDI, eso sería entrar en especulaciones metafísicas que no le corresponden.

Se podría decir que esta situación de incertidumbre del proceso de generación del diseño de las estructuras biológicas, es una debilidad dentro de la estructura del conocimiento científico. Pero en este sentido, es necesario recordar que en ciencia no se entra a especular acerca del origen último de las cosas o fenómenos que maneja; por ejemplo, de las fuerzas fundamentales de la física, más allá de lo que la ciencia pueda responder con sus investigaciones empírico-teóricas. La ciencia está suspendida irremediablemente en una esfera de incertidumbre de las causas originales que no se puede abordar con sus supuestos y procedimientos; esta cuestión corresponde a otras disciplinas, y la respuesta que se proponga, no siempre será satisfactoria para todos, por los variados supuestos y metodología que utilizan estos saberes.

Ya se ha mencionado que la propuesta de la TDI es formulada en forma de hipótesis, y está abierta a hipótesis alternativas. En este sentido la TDI enfrenta a la Teoría neodarwiniana como una hipótesis competitiva, que intenta demostrar que este ordenamiento teleológico es el resultado de la acción de las leyes naturales conocidas en el marco del azar, y el filtro de la selección natural. Las vicisitudes de esta confrontación no son el tema de este trabajo, basta señalar que esta propuesta alternativa es presentada como netamente científica y constatada, pero en realidad, no se ha logrado demostrar empíricamente, y se sustenta primordialmente en especulaciones de la viabilidad de sus mecanismos.

Algunos autores consideran la tesis de William Paley como precursora de la TDI, y si bien es cierto que ambas comparten la inferencia de una causa inteligente para las configuraciones que coordinan elementos funcionales para trabajar por una meta común, tanto en los artefactos como en las estructuras biológicas, existen diferencias muy marcadas entre las dos propuestas. La más esencial, que las separa radicalmente, es que la tesis de Paley es parte de una teología natural, es decir, su propósito primario y explícito, es demostrar la existencia de Dios, y subrayar sus atributos de magnificencia, a partir de las características del mundo, particularmente de los seres vivos. En cambio, como ya hemos apuntado, la TDI no es parte de una teología natural, sino que es una hipótesis científica que surge de la observación sistemática y cuidadosa de las estructuras teleológicas biológicas, de las que se infiere una acción inteligente en base a la observación empírica, de que este tipo de configuraciones tiene solo una causa conocida, que es una acción inteligente. De modo que esta Tesis no es, ni intenta ser una prueba de la existencia de Dios. La hipótesis de una acción inteligente como la mejor explicación disponible para entender la configuración y el origen de las estructuras teleológicas biológicas, implica una agencia inteligente responsable, que en el jargón de esta doctrina se denomina "diseñador". En esta Tesis no hay elaboraciones acerca de la naturaleza ni de las características de esta agencia.

Pero hay otras diferencias importantes entre estas tesis. Entre otras, Paley no muestra rigor en la determinación de los artilugios biológicos (que además se extienden más allá de la esfera biológica), lo que en cierto modo es comprensible, puesto que su obra se publicó a comienzos del Siglo XIX, y la TDI en cambio, es contemporánea y cuenta con numerosos medios científicos (incluyendo matemáticos), y también conceptuales (complejidad irreducible), para perfilar las estructuras teleológicas, eliminando los elementos que no son parte de ella. También hay que reconocer que Paley mismo se disgregó de la necesidad de mantener sus ejemplos de artilugios biológicos en forma clara y convincente; tal vez porque su propósito estaba centrado en probar la mano de Dios en la estructuración de los seres vivos, más que en fundamentar 'científicamente' una acción inteligente responsable de las configuraciones de los artilugios. Por lo que se puede afirmar que la relación causal que se realiza entre la disposición coordinada de elementos para servir una función específica, y un agente inteligente –Dios para Paley--, no es elaborada y sustentada con rigor en muchos de los ejemplos que ofrece este autor; en cambio en la TDI esta relación causal no se establece entre la configuración teleológica y Dios, sino que con una acción inteligente que requiere un 'diseñador' por consecuencia, pero no se especifican sus características ni sus intenciones. Esta relación en la TDI es central y bien documentada, para sostener adecuadamente su propuesta. La debilidad en los argumentos de Paley, inducen a E. Feser (2011) a sostener después de su análisis, que la inferencia que hace Paley de un diseñador para su reloj, tiene más carácter probabilístico que causal.

De manera que hablar de la Tesis teológica de Paley como precursora de la TDI, resulta equívoco y puede ser distorsionante, a pesar de importantes similitudes.

Desafío de la TDI a la ciencia naturalista dogmática

La TDI básicamente señala empíricamente que las estructuras biológicas teleológicas denotan una organización inteligente, y por consecuencia, en su origen, se infiere una acción inteligente. Sin duda, el postular inteligencia en las configuraciones teleológicas, constituye un desafío, para la tradición naturalista dogmática de la ciencia (F. Ruiz, Marzo, y Noviembre 2015), como también para algunas interpretaciones de la tradición metafísica del aristotelismo-tomista que veremos en otro apartado.

Desafío para el naturalismo (metodológico) en ciencia. Para esta regla autoimpuesta que dispone que solo se aceptan en ciencia, explicaciones basadas en las leyes naturales, el postular una inteligencia con capacidad de intervenir en el mundo para generar estructuras teleológicas, constituye un exabrupto inaceptable. Esta resistencia a abrirse a una frontera más allá de lo inmanente y de lo 'natural', tiene al menos dos tipos de fuente de origen. La primera proviene de aquellos intelectuales y científicos que temen que al abrir las puertas a una causalidad no-física, puede traducirse en abusos y en deterioro de la calidad de la actividad científica. La segunda, más vociferante y más dogmática, es la ideología materialista que intenta mantener la explicación última de todos los fenómenos del mundo, incluyendo la vida --y con ello al ser humano--, emergiendo de la materia, de alguna manera; esta ideología se identifica en buena medida con la ciencia física (contaminándola), para ganar credibilidad e inteligibilidad.

Lo primero que se debe señalar es que la calidad y el prestigio de la ciencia depende primariamente de su requerimiento metodológico fundamental, que consiste en la elaboración de teorías consistentes y apoyadas por la evidencia empírica, en forma directa o indirecta; a lo que hay que agregar, replicabilidad de los hallazgos de las investigaciones, y consenso en las explicaciones y análisis de sus propuestas, particularmente cuando la experimentación no es posible de realizar. Estas características dan a las teorías científicas un carácter maleable, dinámico y condicional en relación constante con los nuevos descubrimientos y perspectivas teóricas. De esta manera, la ciencia puede deshacerse fácilmente de teorías sin fundamentos, o caducas, o simplemente erradas; de manera que no resulta necesario adoptar un naturalismo metodológico dogmático, por temor de desvíos y abusos absurdos. Desgraciadamente, es oportuno comentar, que la credibilidad y el respeto que se tenga de la ciencia, dependen –como en cualquier otra actividad humana--, de la honradez y de la seriedad de los investigadores, y de los procedimientos usados; y este aspecto no es de desdeñar, con frecuencia, se lee que muchas investigaciones en la actualidad adolecen precisamente, de idoneidad.

La otra fuerte de imposición del naturalismo metodológico dogmático es la *ideología materialista*. Frente a esta postura ideológica, es perentorio exigir una buena ciencia, libre de especulaciones sin respaldo empírico constatable, y realizada con limpieza y procedimientos metodológicos idóneos. Esta recomendación para neutralizar la influencia ideológica en ciencia, parece obvia y sencilla de implementar, desgraciadamente no es así; la ideología materialista ha contaminado a muchos científicos e intelectuales corrompiendo la actividad científica correcta y equilibrada. Además, y sobre todo, se debe evitar hacer de la ciencia un bastión de una ideología, en este caso del naturalismo dogmático de corte materialista; la ciencia es solo una modalidad de conocimiento, con sus supuestos y limitaciones, y en modo alguno se debe considerar como el único modo de saber de la realidad y de la vida.

Desafío para la ciencia misma. La acción inteligente propuesta por la TDI para explicar la configuración y génesis de las estructuras biológicas que soportan la vida, y así el origen de la vida misma, en un universo cambiante –en desarrollo--, presenta un serio desafío al paradigma evolutivo naturalista de la ciencia contemporánea. La ciencia enfrenta el problema que, por un lado el poder causal que maneja no es capaz de dar cuenta de la génesis ni del funcionamiento teleológico de estas estructuras biológicas, indispensables para la vida; y por otro, si acepta la evidencia de la participación de una acción inteligente en ciertos procesos naturales, tiene que admitir el abandono del cierre causal naturalista, lo que implica la ruptura de la exclusividad naturalista materialista del conocimiento científico, incluyendo la concepción de la evolución del universo como lo plantea la ciencia naturalista actual. Esto significa la pérdida de la hegemonía de la ciencia naturalista en la comprensión de la dinámica de la naturaleza toda, una pérdida altamente resistida por el materialismo dominante en la cultura actual.

Es importante señalar y enfatizar que la TDI no reemplaza la ciencia 'naturalista', ni la distorsiona o descarría, sino que la complementa y limita su exclusividad. El reconocimiento de la participación de la inteligencia en la constitución y funcionamiento del mundo, particularmente de la biología, sin duda cambia el sentido y el entendimiento de los procesos naturales concebidos solamente de manera mecanicista en la ciencia contemporanea. No resulta sorprendente entonces, la oposición ideológica sobre la TDI, que echa mano a todo tipo de propaganda negativa, y a distorsiones alevosas para desacreditar sus credenciales epistemológicas, y su valor.

También es importante subrayar que la TDI no aparece en ciencia como un agregado antojadizo o ideológico, sino que surge necesariamente ante las estructuras teleológicas, de las que destaca fundamentalmente el ADN y sus funciones codificadoras, imposibles de entender sin recurrir a una acción inteligente envuelta en su configuración y función cibernética. Pero también cabe destacar lo que ya mencionamos más arriba acerca de la causalidad descendente en la investigación biológica que trabaja a diario con este tipo de causalidad ('top-down') y con acciones coordinadas grupales, que cobran pleno sentido cuando se reconoce que están diseñadas inteligentemente en su conjunto, para lograr funciones específicas indispensables para la vida de los organismos. La ciencia no debe desconocer estos fenómenos biológicos, tiene que asumir el desafío que presentan, y abrirse a perspectivas metodológicas que superen el mecanicismo tradicional.

BIBLIOGRAFÍA

Feser, Edward (2011), On Aristotle, Aquinas, and Paley: A Reply to Marie George. Evangelical Philosophical Society.
http://www.epsociety.org/library/articles.asp?pid=83 (Accedido en Abril del 2016)

Ruiz, Fernando, R. (Marzo, 2015). Naturalismo metodológico y diseño inteligente.
http://www.oiacdi.org/articulos/Naturalismo_metodologico.pdf

Ruiz, Fernando, R. (Noviembre, 2015). Acerca del naturalismo metodológico (NM).
http://www.oiacdi.org/articulos/NATURALISMO%20Metodologico.pdf

Capítulo VII

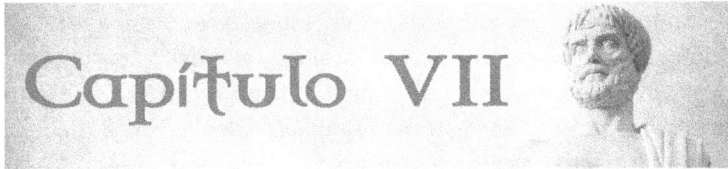

CRÍTICAS A LA TESIS DEL DISEÑO INTELIGENTE, Y DESAFÍO DE LA TDI A LA METAFÍSICA A-T

Las críticas a la Tesis del Diseño Inteligente que se tratan en este capítulo son las que han emergido desde la corriente filosófica del aristotelismo-tomista, asiento conceptual de la noción de Teleología tradicional; esta revisión no pretende ser exhaustiva, solo se concentra en los comentarios críticos que más frecuentemente se encuentran en la literatura.

Las críticas realizadas a la TDI por muchos adherentes al pensamiento aristotélico-tomista, son interesantes, e importantes de conocer y entender adecuadamente en su fundamento, para poder abordarlas en forma pertinente. Ya hemos revisado algunos argumentos esgrimidos por esta corriente intelectual a propósito de la obra del obispo anglicano W. Paley, publicada a comienzos del siglo XIX, considerada por estos autores como predecesora de la TDI, pero pienso que es necesario continuar revisando estas opiniones críticas, en referencia concreta al Diseño inteligente (DI).

La TDI criticada como mecanicista

Al quedar el diseño teleológico reducido a su presentación empírica, movido solamente por las acciones naturales de sus componentes bioquímicos, y considerando que su configuración acusa una acción inteligente, muchos partidarios de la tradición aristotélico-tomista critican a la TDI como una descripción de las estructuras orgánicas teleológicas a manera de un artefacto de carácter mecánico.

La filosofía A-T no tiene simpatía a la propuesta de Paley --ni a la de la TDI-- al comparar los organismos vivos (o sus componentes) con relojes o motores fuera de borda, una comparación que no tiene cabida para estos autores; unos son objetos naturales, los otros son artefactos; sacar conclusiones de estas comparaciones les parece simplemente un sin sentido. Así, para E. Feser (April 30, 2011), por ejemplo, resulta una pérdida de tiempo argumentar por la presencia de un 'diseñador' frente a estructuras biológicas --aunque sean complejas y especificadas--, por la sencilla razón de que son artefactos diseñados, ensamblados inteligentemente. Estos artefactos —recuerda Feser--, están construidos por partes de objetos naturales que se utilizan por algunas de sus propiedades inherentes; estas partes, en el lenguaje aristotélico-tomista, constituyen *materia segunda,* esto es, *materia prima con forma substancial*, o sea, *substancias* o partes de substancias, que se utilizan para otros fines ajenos a su naturaleza Este autor subraya: "Y es justo eso, lo que los filósofos aristotélico-tomistas llaman una concepción "mecanicista" de la vida. Sacar conclusiones de esta tesis del DI, concibiendo las estructuras que estudia como artefactos, nos puede llevar a errores teológicos, como pensar que Dios es un ingeniero extraordinario, y que el mundo es una máquina que no necesita al maquinista." Feser (April 30, 2011) es de la opinión que pensar los objetos naturales como artefactos, trae también serias consecuencias morales y metafísicas, pues si no se tiene causa final inmanente, estos no son compuestos de *acto y potencia*, puesto que *potencia* presupone una meta; y de este modo, no se puede argumentar desde su presencia (de acto y potencia), a la existencia de Dios, como su causa Puramente Actual. Además, si no hay teleología inmanente ni formas substanciales en los seres humanos, que también son objetos naturales, entonces no tenemos los fundamentos metafísicos necesarios para la elaboración de la teoría clásica de la *"ley natural"*, que soporta un sistema ético primordial. Edward Feser es claro diciendo que Dios no crea artefactos, sino objetos naturales —animados e inanimados--, esto es, objetos con una dinámica unitaria y propia, nacida de su propia naturaleza; sin estas propiedades las cosas no serían lo que son. Naturalmente, si Dios quisiera crear artefactos como los que fabrican los seres humanos, lo podría hacer, pero estos no serían seres vivos, ni objetos naturales como los conocemos, sino meros artefactos. Para este autor, el mecanicismo de los artefactos para describir las estructuras biológicas —como piensa Feser que lo hace la TDI--, y la filosofía A-T son simplemente incompatibles. (Feser E. April 10, 2010). De manera que la incompatibilidad del tomismo con la TDI no radica en la necesidad de una acción inteligente o de una intervención divina especial para la creación de la vida y de sus estructuras subyacentes, sino que esta incompatibilidad radica en el modo como se genera o crea la vida.

Feser E, (April 16, 2010) es categórico, afirmando que de los cuerpos inanimados, como los concibe la ciencia naturalista mecanicista, esto es, de cuerpos carentes de poderes causales teleológicos inherentes e intrínsecos pueda surgir la vida; lo que una causa no tiene (formal o virtualmente), no lo puede dar como efecto. Por lo que este autor escribe: "…es absolutamente imposible, y en principio, que un universo puramente mecanicista, pueda generar alguna vez, vida." Y, continúa aludiendo a la TDI, para él, mecanicista: "Y así, es imposible en principio que se pueda dar alguna vez, una explicación naturalista del origen de la vida." La postura aristotélico-tomista acepta sin embargo, que una causa puede no poseer de manera formal (activa) lo que causa: el efecto, como es el caso de un fósforo que enciende una vela; el fósforo posee 'virtualmente' el fuego que causa la vela encendida. (El ejemplo de una causa que posee activamente –formalmente--, lo que causa, es el de una antorcha encendida que puede encender otra.) Que un cuerpo inorgánico posea o no un poder virtual, como el generar vida, es una pregunta que requiere una respuesta empírica, no es una pregunta que se pueda responder metafísicamente en forma directa. A este respecto, los autores que siguen esta corriente filosófica, presentan posiciones diferentes con respecto a la aparición de la vida en el universo, unos se inclinan a pensar que Dios la creó directamente en un momento de la evolución del universo, otros no se sienten cómodos con la intervención puntual de Dios en su creación, y se inclinan a pensar que la causa capaz de generar la vida se encontraba 'virtualmente' en los cuerpos inorgánicos existentes en el mundo.

La TDI coincide con lo que expone Feser (April 16, 2010): de los cuerpos inorgánicos, de las meras substancias químicas no pueden generarse las estructuras básicas que soportan la vida; se necesita una acción inteligente para que esto ocurra. La TDI y Feser concuerdan en que de un mundo concebido en forma mecanicista no se puede generar la vida; la TDI lo sostiene desde la ciencia, porque no hay poderes causales conocidos en física capaces de organizar las estructuras biológicas teleológicas necesarias; y Feser lo sostiene desde la metafísica, porque estas substancias químicas no poseen las propiedades inherentes (incluyendo naturalmente, la causa final) necesarias para que surja la vida orgánicamente de ellas, y sean objetos vivos. Aunque Feser deja la posibilidad que pudiera surgir la vida en esas substancias inorgánicas por poseer las propiedades inherentes de manera 'virtual'--no activa--, lo que no deja de ser una cómoda postura. Básicamente lo que a Feser incomoda es que, en su opinión, la TDI es mecanicista, porque habla de estructuras empíricas de tipo teleológico que se han conformado por acción inteligente -- acción de un diseñador todo poderoso--, a la manera de un artefacto. Pero la TDI no incurre en elaboraciones de cómo se realizó este proceso de generación, o creación de estas estructuras. Este es un asunto abierto a las elaboraciones de otras disciplinas, particularmente la metafísica.

Debe reconocerse que Feser basa muchas de sus críticas en escritos de algunos voceros del Diseño Inteligente que son equívocos al utilizar ejemplos (de artefactos) y retórica de carácter mecanicista para ilustrar la acción inteligente en los elementos químicos que constituyen las estructura diseñadas. Pero, revisando algunos de estos argumentos, se ve claramente que estos autores consideran a esos elementos químicos, como los ve la ciencia, esto es, como carentes de poder causal con capacidad de organización; y no juegan naturalmente, la carta de causas virtuales posibles en estos elementos. De manera que la inteligencia que configura, no está en ellos, es externa a las substancias físicas envueltas, tal como las concibe la ciencia. Estos voceros del DI permanecen en la ciencia, no elaboran una metafísica propiamente tal, y explícitamente rechazan la visión del mundo mecanicista. En todo caso, lo que interesa en este trabajo es dejar claro que estas críticas de Feser no tienen asidero, cuando se toma la TDI con debida precisión su formulación: la TDI no se adentra a explicar cómo se generaron inicialmente las estructuras teleológicas que hicieron posible la aparición de la vida en el universo, solo señala que para que esto ocurra, se debe contar con la intervención de una inteligencia.

En el tomismo-aristotélico la concepción del mundo, y muy particularmente de la vida, es metafísica, muy especialmente basada en una teleológica inmanente. En cambio la TDI definitivamente no es una doctrina a cerca de la constitución metafísica de la naturaleza, sino una tesis que –operando desde la ciencia--, sostiene que algunas estructuras naturales se explican mejor, su configuración y génesis, con la hipótesis de una acción inteligente, que con la propuesta naturalista que apela a las leyes naturales en combinación con el azar y la selección natural. La doctrina del DI encuentra en las estructuras biológicas complejas especificadas un claro paradigma de organización teleológica y de codificación de mensajes funcionales (ADN), cuya única causa conocida en nuestro mundo actual, es una acción inteligente. Según los críticos neo-tomistas, esta inteligencia es extrínseca al sistema, no es el resultado natural de las propiedades inherentes de las partes constituyentes que trabajan para una meta común; esto significa para estos autores, que la concepción del mundo con que opera la TDI es mecanicista, asumiendo que los organismos y sus estructuras constitutivas son como artefactos. Pero esta interpretación no es correcta; es efectivo que la TDI surge y permanece en conexión con la ciencia (bioquímica), pero no subscribe a una visión mecanicista del mundo, ni a ninguna metafísica en particular en este sentido. La TDI simplemente plantea una hipótesis de intervención inteligente en la realidad científica que estudia, que como vimos en un apartado anterior, constituye un verdadero desafío para la ciencia y también para la metafísica.

Es efectivo también, que hay algunos adherentes a la TDI que se inclinan a pensar que la regulación del mundo ha sido "front loaded", esto es, ha sido diseñada de alguna forma en lo existente, desde el inicio del mundo para que este se desarrolle durante su historia, incluyendo la aparición de la vida. Sin embargo, esta tesis no es fácil de sustentar ni de sostener, ya que hay que explicar coherentemente, cómo y en qué forma este diseño está contenido en los objetos existentes en el cambio histórico del universo, porque no es detectable, solo asumido. Esta propuesta es una clara especulación de carácter metafísico que no es parte de la TDI. En este sentido, la filosofía aristotélico-tomista es crítica y clara, y ofrece una explicación alternativa: "... puesto que las entidades comprendidas en el mundo natural tienen las causas finales durante todo el tiempo que ellas existan; el intelecto [diseñador] en cuestión, tiene que existir por todo el tiempo que el mundo natural exista, para así dirigir continuamente las cosas a su fin. La noción deísta que Dios pudo haber "diseñado" el mundo, y luego dejarlo, para que corra su curso independientemente, es eliminada." (Feser E. (Vol. 12, No 1, 2010)) Hay que recordar que para el aristotelismo-tomista, Dios crea el mundo y lo continúa sosteniendo en existencia, por el tiempo que exista; además, no hay que olvidar que las *formas* que constituyen la forma sustancial de los objetos naturales, son ideas de Dios, de manera que es difícil imaginar un Dios lejano a su creación en esta metafísica. Es también verdadero que algunos defensores de la TDI identifican al diseñador –que implica la acción inteligente--, con el Dios de la tradición judeo-cristiana, pero esta disquisición teológica no es parte de la propuesta de la TDI, es una elaboración personal independiente.

De modo que la TDI se limita solo a constatar inteligencia en la configuración de algunas estructuras biológicas y propone a manera de hipótesis, una acción inteligente en su génesis. Proyectar una visión completa del mundo a partir de la propuesta de la TDI es inapropiado y reduccionista. Lo mismo puede decirse de la ciencia, si se proyecta una visión total del mundo, desde sus supuestos y metodología, en que el único conocimiento válido se logra con los métodos de las ciencias, todo otro saber es subjetivo; una caída en un reduccionismo inaceptable y dogmático, en un cientifismo ideológico. Por lo que resulta absurdo criticar la TDI y a la ciencia, desde una metafísica particular como si fueran tesis que intentan comprender la realidad toda. La ciencia –y la TDI--, constituyen importantes perspectivas del conocimiento del mundo, no de la realidad entera. Si algunas veces los proponentes de la TDI recurren a la metáfora de artefacto y a conceptos mecánicos (máquinas) en sus escritos, es para facilitar la exposición de la Tesis, y fundamentalmente para rebatir y mostrar su superioridad explicativa, y el fundamento empírico del DI, frente a las teorías materialistas naturalistas; y esta argumentación se realiza en el terreno científico, sin intención de proyecciones metafísicas.

La TDI no intenta suplantar otras perspectivas para entender la situación del hombre en el mundo, ni la relación que Dios tenga con su creación, ese no es su cometido. Por lo demás, una buena ciencia y una buena filosofía no pueden ser contradictorias. Por lo que detectar inteligencia, empíricamente, en la esfera misma en la que opera la ciencia, no puede estar reñido con una tesis metafísica que considera y entiende el indiscutible valor de la ciencia. Soy de la impresión que la TDI tiene una perfecta correlación con la filosofía aristotélico-tomista, si se aceptan las metas y los parámetros con que se rigen estas disciplinas, y particularmente, reconociendo las limitaciones de la metodología y supuestos con que funciona la actividad científica; la ciencia de la naturaleza ofrece una perspectiva constreñida, pero altamente fructífera. El detectar inteligencia en medio del mecanicismo reinante en ciencia, constituye un acercamiento a dicha filosofía, un reconocimiento que las estructuras teleológicas inmanentes que defiende, se ven apoyadas desde la perspectiva científica (teórico-empírica), que aparece en una visión superficial, como irreconciliablemente antagónica, pero que es, sin embargo, perfectamente válida en su dominio, y complementaria con una metafísica como la aristotélico-tomista, aunque obviamente 'incompleta', puesto que no pretende ser una tesis metafísica. De modo que entrar en polémicas filosóficas y confrontaciones a cerca de la TDI y la metafísica A-T, es básicamente estéril y sin sentido, puesto que la TDI no es una propuesta metafísica, ni pretende serlo.

La propuesta de la TDI es una pregunta abierta a la investigación científica y a la elucubración metafísica. En el plano de la ciencia, la TDI no rechaza la competencia de hipótesis científicas alternativas, adecuadamente fundamentadas para explicar las configuraciones biológicas inteligentes que se constatan en biología; y a nivel de la metafísica, la TDI también es receptiva a las posturas que den cuenta —desde sus supuestos y desarrollos—, de las configuraciones biológicas que denotan inteligencia que se constatan a nivel de la ciencia. De esta manera es posible entender la correspondencia de la TDI con el neotomismo, puesto que estas estructuras detectadas empíricamente por la TDI y estudiadas por la ciencia, son evidencias concretas de la teleología de los seres vivos de la que habla el neotomismo, aunque la visión de la TDI sea acotada por la metodología de la ciencia, y no incurra en elaboraciones de carácter filosófico.

La TDI trabaja con los procesos bioquímicos, aunque modifica parámetros importantes de su dinámica, como es la justificación de la causalidad descendente (top-down) de las estructuras teleológicas (diseñadas). En rigor, no se puede tildar esta visión de la bioquímica y el DI, como meramente mecanicista por su estructuración inteligente —diseñada--, (directriz de la actividad mecánica), pero obviamente, tampoco corresponde a una estructuración teleológica a la manera de la tradición A-T. El Prof. Feser es de la opinión que la metafísica aristotélico-tomista es incompatible con la visión de la realidad ofrecida por la ciencia en general –meramente mecanicista--, y también en el área de la biología, aun con la incorporación de la acción inteligente en la configuración funcional de las estructuras biológicas. En esta incompatibilidad Feser menciona varios puntos de confrontación, básicamente son dos de los más notorios: ---en la ciencia y en la TDI no se consideran las propiedades inherentes –particularmente la causa final---, de los objetos naturales, y; ---segundo, y muy importantemente, porque sin la estructura metafísica de la realidad, no se logra llegar a probar la existencia del Dios de la teología tradicional, y de esta manera no se elimina al naturalismo. (Feser E. April, 20, 2010). Esta postura, además de implicar un fuerte y cuestionable racionalismo, deja a esta tesis metafísica en una situación de incómoda confrontación e incompatibilidad con el conocimiento científico.

La TDI criticada por atribuir teleología solo a la complejidad especificada

Edward Feser (April 10, 2010) critica también a la TDI por solo aceptar diseño cuando se tiene una complejidad especificada, es decir, una estructura con muchos componentes que están organizados de manera que corresponde a un patrón específico significativo, que en las estructuras biológicas tiene carácter funcional, --en otras palabras por poseer una configuración teleológica; la tesis no considera como diseño, el orden generado y explicado por las leyes naturales, como es el caso de los cristales. Para Feser, las fuerzas brutas de la naturaleza, desplegadas en los objetos naturales , obedecen también a una causa final, y así muestran también teleología, puesto que a una causa física A, corresponde un efecto, o una serie de efectos físicos B; la causalidad física es debida a las propiedades inherentes inscritas por el creador en las substancias que las exhiben. Para este autor, solo de esta manera la causalidad física resulta inteligible. La razón por la que la TDI excluye estas estructuras complejas y otros fenómenos, es porque no se tiene una evidencia 'directa' – empírica--, de complejidad 'inteligente' en ellos, como se tiene irrefutablemente en las estructuras complejas especificadas de la biología; en nuestra experiencia corriente constatamos que las estructuras teleológicas solo son producto de una causa, acción inteligente.

Para la TDI es fundamental cumplir con los requisitos epistemológicos de las ciencias, basados en el apoyo empírico de sus teorías, evitando especulaciones sin evidencias que las respalden. Pero, como ya hemos visto, la exclusión de consideraciones metafísicas no tiene un carácter radical y absoluto, la TDI está abierta a las reflexiones metafísicas que acepten la presencia de inteligencia en la esfera en la que trabaja, la biología, en donde se desarrolla, pero sin entrar en ellas por tratarse de un campo de conocimiento distinto a las ciencias, con sus propios procedimientos y supuestos, y naturalmente con sus propios problemas y limitaciones.

El contacto de la ciencia y de la metafísica es un tema que se evita reconocer o se minimiza por razones ideológicas, y para escabullirlo, muchos científicos, desgraciadamente, se dejan llevar por seductoras especulaciones, particularmente matemáticas, abandonando el rigor de la ciencia en su requerimiento de constatación empírica –directa o indirecta. La postura filosófica de Feser mencionada más arriba, apunta en verdad, a un área del conocimiento del mundo que permanece sin ser reconocido por la ciencia, más bien se ignora o se niega; una zona incógnita –pero de gran importancia y necesidad para la racionalidad humana--, el origen causal de las causas físicas y las fuerzas elementales que las alimentan, cualquiera sea el substrato que la ciencia maneje en sus estudios. Una causalidad sin explicación de origen ni de trascendencia, se puede decir es la esencia del mecanicismo que genera una visión del mundo descarnado, sin dirección ni sentido; el cientifismo, que toma a la ciencia naturalista, como el único modo veraz de conocer la realidad, conduce a concebir la naturaleza como un mecano suspendido en la nada.

**Otras críticas realizadas por autores adherentes
a la metafísica A-T**

La TDI confunde niveles ontológicos

Se ha señalado que la TDI se coloca en una situación ambivalente, reduciéndose primariamente a un plano empírico –científico--, pero al mismo tiempo recurriendo a un nivel superior que es necesario para explicar lo que la experiencia muestra en el plano concreto de la ciencia. (Collado, 2008; 3, 2, 2) Es efectivo que esta Tesis, al detectar la intervención de una inteligencia en la configuración de las estructuras biológicas de orden teleológico, implica un agente responsable de esta acción, y de este modo conecta la ciencia con un plano filosófico-metafísico. Es importante subrayar que la TDI no se origina desde la existencia de un agente inteligente: diseñador, necesario para su sustento; sino que emerge en el terreno empírico, detectando configuraciones inteligentes, este es su fundamento. La referencia al "diseñador" de la TDI es consecuencia necesaria de esta observación primaria, no su fundamento. En otras palabras, esta Tesis no requiere formulaciones específicas acerca de este diseñador, más bien plantea un desafío en este sentido, tanto para la ciencia naturalista –que intenta explicar el orden teleológico en biología como producto de las leyes naturales en combinación con el azar y la selección natural--, como también un reto importante para las explicaciones metafísicas. Tampoco la TDI comienza de un supuesto ideológico materialista (naturalista) conducente a aporías metodológicas, como sugiere el Prof. Collado (2008; 3, 2, 2), sino que emerge de evidencias empíricas que muestra la actividad científica; entre otras, la causalidad descendente de los procesos biológicos que acusan el orden teleológico en las estructuras funcionales biológicas. Ni tampoco la TDI se alimenta de una ideología que intenta desplazar al materialismo con que se reviste la ciencia actual, como apunta Collado. La TDI no es una tesis filosófica, ni pretende serlo, simplemente es el resultado de las evidencias en el campo de la ciencia.

La confusión de planos ontológicos (o de racionalidades distintas) de la causa primera y de las causas segundas que se atribuye a la TDI al invocar desde la ciencia a un agente inteligente superior (Dios), es una crítica realizada desde una metafísica establecida: neotomismo. Pero como hemos visto, la TDI no invoca una divinidad, ni a ningún agente inteligente particular, solo plantea un desafío, conectando la ciencia con la frontera metafísica. Es a la metafísica a la que corresponde afrontar con sus métodos y supuestos, los hechos que surgen de la ciencia, en este caso, la acción inteligente reflejada en el orden teleológico en biología; la TDI no abandona el terreno de las evidencias estudiadas por la ciencia, y no mezcla racionalidades (filosófica y científica).

La presencia de una configuración inteligente constituye un desafío para algunos adherentes a la metafísica A-T: el explicar la detección objetiva de configuraciones inteligentes que se muestran en la ciencia. Este es un tema que no se enfrenta directamente, sino que los comentarios de estos autores se concentran en el agente inteligente responsable de este fenómeno, argumentando críticamente las incursiones metafísicas que han realizado en este sentido, proponentes y defensores de la TDI, intentando, o, compatibilizar la presencia de un "diseñador" con la metafísica A-T, o, desarrollando tesis alternativas no bien fundamentadas. En este trabajo insisto, que la TDI no consulta estas incursiones, y si sus simpatizantes las realizan, son estrictamente de carácter personal, y no partes constitutivas de esta Tesis. Reconociendo este planteamiento básico de la TDI, queda en manos de los especialistas en metafísica y teología, elaborar las tesis filosóficas que den cuenta, desde sus supuestos y desarrollos teóricos, de la presencia de inteligencia en el nivel de la actividad científica empírica.

El conocimiento de la ciencia es habitualmente considerado por la metafísica tradicional, como el ámbito de las "transformaciones materiales" (dependiente de las causas segundas); por tanto es un conocimiento parcial y limitado, y no tiene acceso a acciones inteligentes trascendentes. Si a esto se le suma el carácter mecanicista que la ciencia hace de estas causas segundas, esto es, tratándolas sin el aparataje metafísico constitutivo de los objetos naturales, tenemos un conocimiento científico, insuficiente y cambiante; sin embargo, el conocimiento científico de la 'realidad', tiene el poder indiscutible de manejar las cosas del mundo, lo que implica un 'conocimiento' de la naturaleza; aunque sea parcial, dinámico, y práctico, pero conocimiento al fin, y además muy fructífero, y evidente. La filosofía y la metafísica se presentan, en autores A-T, como el conocimiento por excelencia, el conocimiento perenne de todo lo existente; dos perspectivas cognitivas de la 'realidad' –la ciencia y la metafísica--, que la filosofía tradicional se esfuerza en separar, jerarquizar y compaginar, y mantener en amistosa armonía. Al presentar la TDI una acción

–una causa--, inteligente en ciencia, esta deja de ser el ámbito de solo las "transformaciones materiales", movidas por las causas segundas en forma de leyes físicas. En otras palabras, rompe el esquema del conocimiento de la naturaleza que quiere mantener esta metafísica, y le exige un reajuste; un serio desafío que no debe evitar la metafísica A-T.

La TDI presenta un desafío que no se puede dejar pasar a la ligera, ni descartar enfatizando el carácter mecanicista de la ciencia bioquímica y sus posibles consecuencias metodológicas –aporías--, al proponer esta Tesis –desde la ciencia--, una causa no explicable por las leyes conocidas de la naturaleza (Collado, 2008; 3, 2, 2). La TDI precisamente rompe el cierre causal del naturalismo metodológico, acercando y conectando la ciencia a la metafísica, pero sin confundirlas.

La TDI mala teología

Una crítica que formulan algunos autores de la corriente aristotélico-tomista consiste en catalogar la TDI como una mala teología, pero es muy claro y explícito, que esta tesis no pretende en modo alguno ser una metafísica ni una teología, aunque algunos de sus adherentes las puedan utilizar para defender posturas religiosas y preferencias teológicas personales. La TDI es esencialmente una tesis científica que nace dentro de la actividad científica contemporánea y permanece en ella; una tesis basada en la observación directa de estructuras funcionales teleológicas, una tesis apoyada en la observación verificable de estructuras biológicas funcionales que posen una organización teleológica, lo que indica una configuración que acusa propósito: lograr una meta funcional. El funcionamiento teleológico requiere de una perfecta disposición de las partes envueltas, lo que indica un diseño inteligente, y el origen de un diseño inteligente demanda una acción causal inteligente. La acción inteligente como responsable de estas estructuras teleológicas, se propone en el campo de la ciencia, como una hipótesis abierta a la competencia de tesis alternativas, y es válida y sostenible hasta que surja una explicación alternativa adecuadamente apoyada por evidencias fundamentadas. La constatación de la presencia de inteligencia y la invocación a una acción inteligente en biología, constituye una hipótesis para la investigación científica y una propuesta para la elucubración metafísica. La TDI es parte de la ciencia, no una teología.

Es importante enfatizar, nuevamente, que esta Tesis no es parte de una teología natural, ni una prueba de la existencia de Dios. La TDI no tiene el propósito ni la meta de probar la existencia de Dios, ni sus atributos y procedimientos, partiendo del análisis de rasgos encontrados en el mundo; este es un argumento de carácter metafísico teológico. La TDI en cambio, es un procedimiento empírico de observación y análisis de estructuras teleológicas. El propósito de esta tesis es reconocer empíricamente el 'diseño inteligente' de estas estructuras, y así facilitar la interpretación y la investigación de las complejas interacciones bioquímicas del organismo viviente. El agente responsable de esta acción inteligente mencionado en la TDI, es una indicación hacia la frontera de la ciencia con la metafísica, y queda disponible para las consideraciones de otras disciplinas.

La TDI como un tapa agujeros de ignorancia

Se ha criticado también a la TDI como un ejemplo de utilizar a Dios para llenar los espacios de ignorancia en ciencia, esto es lo que se denomina el "Dios de los agujeros", el Dios que rellena cómodamente los huecos de ignorancia en el proceso científico de los seres humanos. Un dios que actúa sobre la naturaleza, para suplir los agujeros que tienen los hombres en el estudio de las cosas. Verdaderamente esta crítica es una caricatura ridícula proyectada sobre la TDI, porque como ya se ha repetido numerosas veces, esta Tesis es muy clara y explícita, señalando que el diagnóstico de diseño es un proceso empírico que ocurre en la ciencia biológica, y que la inferencia de inteligencia en su configuración, se basa en el análisis de su función teleológica; no presenta elaboraciones metafísicas ni teológicas.

Esta misma crítica del 'Dios de los agujeros' se encuentra en algunos círculos neotomistas expresada en términos más académicos; así, Santiago Collado (2008; 3, 2, 2) citando a W. Carroll, escribe que: "...una cosa es la "propuesta epistemológica" del ID, y otra distinta es la "propuesta ontológica": admitir no poder explicar esas singularidades implica que un diseñador inteligente las ha producido." Una hendidura en el conocimiento de la ciencia, e intentar rellenarlo con una proposición ontológica: 'diseñador'. Además estos autores conectan esta crítica con la intención de la TDI en demostrar la existencia de Dios. Pero como hemos visto y repetido, la TDI surge en ciencia de manera empírica, y formula una inferencia causal de acción inteligente basada también en experiencias directas y comprobables, que ofrece como la mejor hipótesis disponible, para explicar el orden teleológico en biología. Es evidente también que esta Tesis no es parte de una teología natural cuyo propósito sea demostrar la existencia de Dios.

Violación de fronteras

Es oportuno también notar, que en las críticas realizadas por algunos autores de la metafísica A-T, tienden a confundir y traspasar las fronteras entre la metafísica y la ciencia, disciplinas con diferentes métodos y objetivos. Para la ciencia las substancias químicas no poseen más que poderes causales físicos derivados de las fuerzas elementales, que esto sea mecanicismo para la metafísica aristotélico-tomista (A-T), no perturba la actividad científica que se limita a su área de trabajo como definido en la actualidad; y da evidentes muestras de conocimiento efectivo. Feser E (Vol. 12, No. 1. 2010; pp 155), por ejemplo, hablando de la "Qua teleological" --'la teleología en cuanto tal'--, afirma que la teleología es teleología en cualquier nivel natural en que se encuentre: "...las funciones que sirven las uñas de las manos o los párpados, o la tendencia de un cubo de hielo a enfriar el agua a temperatura de la pieza, no son ni más ni menos significativas que el ojo o el flagelo de una bacteria." (Alusión a las investigaciones del bioquímico Michael Behe.) Esta es una afirmación perfectamente razonable y válida para un metafísico aristotélico-tomista, pero no tiene relevancia para un científico trabajando en su terreno con metas no metafísicas, esto es, sin causas formales ni finales; como, es el caso de Michael Behe, que describe y usa una estructura compleja irreducible como el flagelo bacteriano --que ciertamente es una configuración de orden teleológico--, para ilustrar que este tipo de organización estructural funcional no puede haber surgido evolutivamente, pieza a pieza, porque todos sus componentes son necesarios para la función del flagelo. En cambio, que el agua se enfríe con un cubo de hielo, es perfectamente explicable por las leyes naturales, pero las leyes naturales no son capaces de explicar la ocurrencia de un flagelo bacteriano en el curso de los cambios observados en la historia del universo, ni aún con la ayuda del azar,...y del tiempo. Las preocupaciones de la ciencia no son las preocupaciones de una metafísica particular.

La TDI sustentada en las probabilidades

Se critica a la TDI señalando que su fundamento está sustentado en las escasas probabilidades de su ocurrencia en un mundo mecanicista, aunque hay que reconocer que esta no es una crítica substancial a la TDI según el mismo E. Feser. Pero como se ha explicado, la inferencia de acción inteligente es derivada de un proceso empírico. De manera que no se trata de un cálculo probabilístico, sino de una tesis de tipo causal. Las probabilidades muestran que las estructuras complejas especificadas que conforman un patrón significativo (de configuración inteligente, funcional en biología) no son estadísticamente posibles de ser originadas por la sola acción de las leyes de la naturaleza conocidas, en conjunción con el azar y la selección natural, en el tiempo real del universo; este es un argumento más –de tipo matemático-, para mostrar que el azar no se puede argüir como responsable de su aparición.

El método científico no puede estudiar la teleología extrínseca de la TDI

Barbés A. (Septiembre 2015, pp 127) critica a la TDI, señalando que "...el método científico no puede indagar ni planes deliberados ni intenciones; como mucho, puede estudiar el resultado de ese hipotético diseño." El autor está refiriéndose a la acción del 'diseñador' del que habla la TDI. Y en esto está correcto, en lo que no está correcto es en la comprensión adecuada de esta Tesis; la TDI reconoce que el agente responsable de la acción inteligente detectada empíricamente en ciencia, es un tema de carácter metafísico en el que no se introduce, por no corresponder al estudio científico y su metodología. Barbés también escribe: "Analizando la conformación estructural de los seres y las leyes que rigen sus operaciones, los científicos pueden descubrir en el mundo natural toda una serie de inclinaciones, hacia un tipo determinado de actuación." Esto es el resultado, nos dice, de "...unas tendencias que se manifiestan por algo que pertenece a su propia naturaleza: no son algo extrínseco." La ciencia puede entonces estudiar los comportamientos ordenados, "...la ciencia puede descubrir no solo el orden, sino también la direccionalidad presente en el orden natural," (Barbés A. 2015, pp 128) Esto es suficientemente explícito afirmando que la ciencia puede detectar orden, un orden con direccionalidad. Sin embargo, continúa escribiendo: "Pero en ningún caso podrá la ciencia abordar la finalidad intencional de la que habla el *Intelligent Design*." Su argumento básico es: "Pero no podemos concluir que ha sido diseñado, pues ese tipo de finalidad se da tan solo en el diseñador, y no en el sistema natural, que es lo único que puede ser estudiado por la ciencia: *la teleología a la que se refiere el Intelligent Design es totalmente extrínseca al objeto natural que estudia, lo que no ocurre con las tendencias naturales*". (Barbés A. 2015, pp128) De estas explicaciones tenemos que comentar en primer lugar, que la crítica a la TDI por intentar introducirse en el nivel ontológico de las intensiones y propósitos del diseñador para sostener su propuesta no corresponde a lo que la TDI sostiene; la ciencia naturalmente no puede estudiar ese nivel ontológico. Existe una frontera epistemológica que separa la ciencia y la metafísica, y la TDI la respeta. Y en segundo lugar, este autor presenta que lo único que puede estudiar la ciencia son las 'inclinaciones' de la teleología intrínseca tradicional que se muestran en sus estudios. Pero esta manera de presentar lo empírico: el orden teleológico evidente, como un reflejo de la realidad teleológica tradicional, es una interpretación –una explicación—de lo que se encuentra empíricamente en el plano de la ciencia: el orden teleológico empírico es primario e incontestable. Y la TDI muestra que para entender su configuración y su origen, se necesita una causa de acción inteligente, el único poder causal conocido para estos efectos. Balbés se refiere también a que la TDI propone que la organización del diseño mismo, es externa, es extrínseca; pero esto no lo propone esta Tesis, esto es simplemente una interpretación realizada desde la concepción metafísica A—T. La TDI simplemente muestra una acción inteligente en las configuraciones estructurales orgánico funcionales concretas, el cómo se realizó esta situación queda abierta a las disciplinas correspondientes, metafísica, teología y para la ciencia misma. Balbés sostiene que la teleología A—T es intrínseca, y en verdad lo es en primera instancia, pero en una mirada más profunda resulta claro que esta teleología depende de la forma substancial, de la *forma*, que es idea de Dios, y Dios es externo a su creación. El cómo esta *forma* contiene todo lo que será necesario para los organismos vivientes, y cómo se materializa en los objetos naturales, es un tema muy interesante y espinoso, pero esto es problema de esa metafísica. La TDI no hace incursiones a este nivel.

BIBLIOGRAFÍA

Barbés, Alberto (Septiembre 2015). El argumento de diseño y la quinta vía de Santo Tomá3s. En: Scienta et Fides. 3 (2)/2015.
http://apcz.pl/czasopisma/index.php/SetF/article/view/SetF.2015.017

Collado, Santiago (2008). Teoría del Diseño Inteligente (Intelligent Design).
http://www.philosophica.info/voces/diseno_inteligente/Diseno_inteligente.html#toc1
2 (accedido en Abril del 2016)

Feser Edward (Philosophia Christi Vol. 12, No 1, 2010). Teleology: A Shopper's Guide
http://www.epsociety.org/userfiles/art-Feser%20%28Teleology%29%281%29.pdf
(Accedido: Abril del 2016.)

Feser, Edward (April 10, 2010). "Intelligent Design" theory and mechanism.
http://edwardfeser.blogspot.com/2010/04/intelligent-design-theory-and-mechanism.html (Accedido en Marzo del 2016)

Feser, Edward (April 20, 2010). Demski rolls snake eyes.
http://edwardfeser.blogspot.com/2010/04/dembski-rolls-snake-eyes.html (Accedido en Abril del 2016)

Feser, Edward (April 16, 2010) ID theory, Aquinas, and the origen of life: A reply to Torley. http://edwardfeser.blogspot.com/2010/04/id-theory-aquinas-and-origin-of-life.html (Accedido en Abril del 2016).

Feser, Edward (April 30, 2011) Nature versus art. En Edward Feser Blog:
http://edwardfeser.blogspot.com/2011/04/nature-versus-art.html (Accedido en Marzo del 2016)

Capítulo VIII

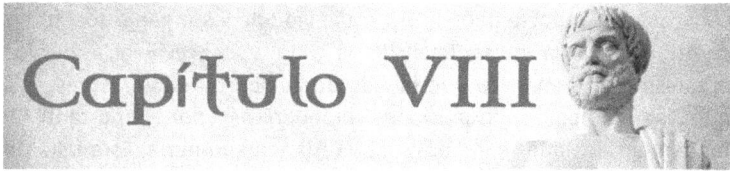

UNIDAD FUNCIONAL Y VIDA
DEL ORGANISMO

La incógnita de la unidad funcional de los seres vivos

Cómo puede un ser vivo ser una unidad estable si está en constante cambio y desarrollo. Una paradoja muy antigua en las preocupaciones de la filosofía natural, que frente a los procesos de la microbiología contemporánea toma un cariz renovado. La comprensión de las estructuras orgánicas, como ya hemos visto, se realiza en ciencia siguiendo fundamentalmente los estudios de la bioquímica. Las estructuras químicas se organizan en un orden teleológico para alcanzar metas específicas, y estas, a su vez, se imbrican funcionalmente en forma teleológica, para realizar una meta final: el bien del organismo completo. Se puede decir con certeza que la visión científica bioquímica de la constitución y funcionamiento de los organismos es descriptiva, siguiendo el curso de la ciencia, pero la ciencia así realizada, resulta estrecha y de recursos limitados para explicar numerosos e importantísimos aspectos de los seres vivos que quedan de lado sin explicación. Esto no significa en modo alguno, que el conocimiento científico logrado es espurio o meramente especulativo, atestiguan lo contrario los logros increíbles de sus aplicaciones en el manejo de los fenómenos biológicos; pero no se puede negar, que este conocimiento, constituye solo una perspectiva de la realidad biológica.

Esta calibrada organización estructural y funcional de compuestos químicos, distingue radicalmente a la bioquímica de otras ciencias naturales básicas; porque el conjunto de todas estas estructuras constituye el soporte necesario para la vida de los organismos, todas contribuyen a la meta final de la vida y sobrevivencia de los organismos. De manera que la vida de cualquier organismo es más que las complejas formaciones bioquímicas, por importante y fundamentales que sean para sustentarla y mantenerla. Esta falta de identidad de la visión bioquímica, con vida de un organismo, se hace más evidente a medida que consideramos los seres más avanzados, hasta que llegamos al ser humano en donde es perfectamente evidente que no somos una máquina bioquímica que funciona misteriosamente. Hablar de la "vida" de los seres biológicos no es un detalle agregado a su estructuración bioquímica, ni un aspecto trivial, aunque esta condición sea enigmática y difícil de definir satisfactoriamente. En el clima ideológico imperante en nuestra cultura actual, se tiende a identificar el substrato material – básicamente bioquímico--, con la vida misma, y si se encuentra algo que no calza claramente con esta visión, se considera como un epifenómeno o como una misteriosa emergencia de la actividad fisicoquímica; estas son explicaciones totalmente insatisfactorias, no aportan nada más que decir que los fenómenos ocurren.

De manera que este complejo y vasto mundo bioquímico que hace posible la vida tiene que poseer una alta capacidad de adaptación para modularse y persistir frente a los inevitables cambios que sufren los seres vivos, desde una etapa inicial, para continuar con el desarrollo y alcanzar la madurez y reproductibilidad, y finalmente terminar en la descomposición o muerte, después de sortear variadas dificultades y amenazas ambientales. Es imposible evitar la cuestión fundamental de cómo esto es posible; qué regula la fina coordinación de los múltiples elementos químicos y de las estructuras teleológicas constituyentes de un organismo, para adaptarse a tantos cambios y situaciones; cómo se conserva su unidad –su carácter específico, lo que ese organismo es--, en la dinámica perenne que se observa en estos procesos bioquímicos. No se trata de describir y comprender los procesos mismos o su funcionamiento como sistemas bioquímicos, que se va logrando poco a poco en los estudios biológicos, sino, la cuestión cala más profundamente: ¿Qué es lo que ordena y guía el sustrato de la vida, dónde está el corazón y mente de esta maravillosa organización funcional?

La respuesta a esta cuestión dada por la filosofía aristotélica-tomista es la *forma*, el principio metafísico que constituye, junto a la *materia prima*, la *substancia* de todo ser natural (*forma substancia*), y que es la responsable de las características de los seres inanimados, y de todas las propiedades y desarrollos de los seres vivos. Esta respuesta de amplio espectro es nítidamente de carácter metafísico, es altamente explicativa, y no escinde el substrato bioquímico de la ciencia moderna, de la vida que apoya; todo está englobado orgánicamente en la idea de *forma* y las causas que alimenta; es importante recordar que la *forma* de los seres vivos es el *alma*, que es el principio de la vida. Pero esta visión intelectual, como ya hemos comentado anteriormente, cae fuera del ámbito epistemológico de las ciencias de la naturaleza. Sobre este punto es interesante recordar, que con la Revolución científica del Siglo XVII, la ciencia de la naturaleza, abandonó la causa formal y la causa final, con lo que eliminó la distinción metafísica de los objetos naturales inanimados, de los objetos naturales animados. De este modo, la ciencia los estudia a ambos, como 'extensión medible', esto es, simplemente como 'materia', a la que posteriormente se le reconocieron algunas propiedades inherentes (fuerzas fundamentales de la física), desgajadas de las otras causas de la metafísica tradicional, y sin preocuparse de donde se originan y fundamentan (tema ontológico, ignorado por la ciencia moderna). La consecuencia de esta focalización de la ciencia moderna es que dejó de lado, la vida propiamente tal de estos objetos naturales animados, para estudiarlos como materia y su dinamismo, derivado de esas propiedades inherentes que reconoce (fuerzas elementales). El movimiento del 'animismo vital' que surgió posteriormente, intentando recuperar esta dimensión ignorada, desapareció del panorama científico en el Siglo XX. La consecuencia filosófica de esta situación, ha sido el fortalecimiento de la ideología materialista que se cobija en la ciencia contemporánea, y reduce la naturaleza toda, a lo físico material, incluyendo al ser humano. Pero la ausencia de reconocimiento y estudio de esta enigmática dimensión de la realidad, no se puede ignorar, si se quiere tener una visión más completa y coherente de los seres vivos; y esto lo ejemplifica la bioquímica en biología, que encuentra fronteras que no puede atravesar para darnos una explicación completamente satisfactoria de los procesos biológicos –vitales--, de los seres vivos (por ejemplo: instintos, conciencia, y otros).

Una explicación con la que se intenta para dar cuenta de la unidad, coordinación y propósito funcional de los organismos, y procurar explicar, de algún modo, el enigma de la vida y sus extraordinarias manifestaciones, consiste en postular la *información* como la responsable de todo esto que observamos y vivimos.

Información en biología

El término información ha sufrido significativos cambios con el desarrollo de las ciencias de la computación y la informática, y como consecuencia de la popularización de este concepto en ciencia, y en la cultura en general. La información se presenta como jugando un papel fundamental en el análisis y en la comprensión de la realidad natural y social, con lo que se ha convertido en un recurso esencial para la comprensión de la constitución de las cosas y de su funcionamiento, así como también de las relaciones y asuntos humanos. Con esta característica, la información ha pasado a ser un producto suntuario de alta apetencia, que contiene la clave para solucionar casi todos –si no todos--, los problemas de la humanidad. No es necesario señalar que en este paisaje se ha generado una buena dosis de confusión con respecto a lo que se entiende por información, cuyo sentido varía según las disciplinas que lo utilizan; e incluso, según los distintos expertos que hablan de ella. No es el propósito de este trabajo revisar este tema; los lectores interesados pueden consultar la referencia Ruiz F. (2016).

Un sentido del *término información* que me parece predomina en las ciencias de la naturaleza, es identificar información con la *adquisición de conocimiento*, de modo que todo lo que nos provee conocimiento, es informativo y contiene información. En buenas cuentas, la realidad se va convirtiendo en información, a medida que conocemos su estructura y su funcionamiento; y también se dice que las cosas informan a otras, como por ejemplo el Na informa al Cl, y se unen para formar sal; en otras palabras, causa y efecto serían un intercambio de información. Esta identificación toma fuerza en las concepciones de la física, que habla de información como sustento de lo que *es* (*its* from –de los--, *bits*), de este modo, la información se transforma en lo fundamental de lo existente, y con un carácter atomístico. Con esta manera de concebir la información, esta se materializa, perdiendo su carácter primario de compartir 'estados mentales' a través de codificación en medios materiales, como son las ondas sonoras, la electricidad, la fibra óptica, etc.; esta concepción de la información como soportando la realidad y sus manifestaciones, viene a ser un concepto casi equivalente a la *forma* de la metafísica A—T que aporta el dinamismo y la vida a la naturaleza toda.

La información que transporta estados mentales conceptualizados (conocimiento, sentimientos, emociones, aspiraciones, etc.) – incluyendo concepciones musicales y pictóricas--, de un agente que los comunica a un agente receptor, es de tipo *semántica* –tiene un sentido comprensible para los que la reciben, y es por tanto, intencional y con propósito, ya que va dirigida a otros seres humanos con algún sentido. Pero no toda la información es de tipo semántica, también se pueden transmitir ordenes computacionales para operar robots de variados tipos, en este caso hablamos de *información de tipo funcional* que no requiere un ser humano como receptor; es bien sabido que un operador de computación puede enviar mensajes funcionales a un robot, y mensajes semánticos a un agente inteligente. Pero, todo mensaje en computación tiene su origen, directa o indirectamente, en una mente, en una inteligencia que lo genera. En biología encontramos mensajes funcionales, inscritos en forma bioquímica (ADN); no son semánticos, puesto que, obviamente no tienen significado que los receptores del mensaje deban 'entender' para realizar su contenido ejecutivo. Estos son mensajes enviados en estructuras químicas que actúan de ese modo en los receptores para lograr los efectos correspondientes.

En el campo que nos preocupa, la biología y sus estructuras teleológicas tan extraordinariamente calibradas e integradas, se supone que la explicación de su increíble coordinación y continua operación, tiene que radicar en la información; en palabras de Maynard Smith J. (2000): "La idea central en la biología contemporánea es la información." La información más conocida en biología, y que mejor calza con una definición de información, llamémosla tradicional, esto es, información de tipo semántica o de tipo funcional, es la que encuentra inscrita en la molécula ADN (ácido desoxirribonucleico) en forma de 'mensajes biológicos funcionales', que portan información codificada, para la construcción de aminoácidos, constituyentes de la estructura de las proteínas. Pero la cadena de transmisión de esta información funcional codificada conocida, no es suficiente para ofrecer una explicación coherente y satisfactoria de la unidad funcional de la totalidad de los procesos de un organismo. En este sentido es importante tener presente, que la función del ADN está modulada por factores reguladores (*metainformación*) presentes en el "ADN basura" y en la esfera epigenética celular, que tiene a su vez, contactos e influencias ambientales; la carga genética es simplemente inoperante sin la contribución del resto de la célula. Para una regulación informática de las complejas funciones del organismo se necesitaría una red riquísima de transmisión de mensajes funcionales, y algo así como un gran 'programa', para poder llevar a cabo esta coordinación y regulación de la actividad orgánica de un ser vivo; desgraciadamente esta posible red no se conoce. En este sentido es oportuno citar a Torley VJ (April 30, 2010) que recoge la siguiente cita de Daniel Koshland Jr. (2002) profesor de biología molecular en la UC de Berkeley: "El primer pilar de la vida es un Programa. Por Programa quiero significar, un plan organizado que describe tanto los ingredientes mismos y la kinética de las interacciones entre los ingredientes mientras el sistema vivo persiste a través del tiempo......este plan es implementado por el ADN que codifica los genes de los organismos de la tierra [depositarios de la historia evolutiva]..." Los autores que adhieren a la idea de un "Programa" maestro, lo ubican en el ADN, pero este plan no se ha hecho evidente, y permanece más bien como una esperanza, como una especulación que aspira entender la coordinación de la actividad del substrato vital, y tal vez para más de alguno, lograr la comprensión de la vida misma. Otro de los autores citados por Torley –Don Johnson (2010 y 2011), especialista en química y computación--, en una presentación, *Bioinformatics: The Information in Life*, escribe a cerca de su concepción: "...de la presencia de múltiples sistemas operativos en las células, múltiples lenguajes de programación, de codificación y de decodificación y de programas computacionales, sistemas especializados de comunicación, sistemas de detección/corrección de errores, sistemas de input/output para control y retro-alimentación de orgánulos, y una variedad de "aparatos" para realizar las tareas de la vida." Esta es una visión computacional considerablemente entusiasta, una concepción de un sistema computacional extraordinariamente complejo y superior, que se autoregularía desde el inicio en la vida hasta la muerte del organismo; básicamente se trataría de una macro computadora milagrosa, implementada en forma bioquímica, comenzando con un codificador de órdenes funcionales en estructuras susceptibles de codificarse como el ADN. Depositar todas las necesidades informáticas para el desarrollo, adaptación y vida de un organismo en el ADN, rebasa las posibilidades conocidas de esta molécula y de sus canales de comunicación, e ignora sus reguladores externos. Simplemente esta es una suposición no confirmada, con el agregado de muchas interrogantes lejanas de lograr posibles respuestas. Este tipo de visión computacional, es obviamente optimista, reduccionista, y, además, alienta las críticas de mecanicismo (artefacto computacional) para la concepción de la vida y sus estructuras. Esto no significa que se no puedan utilizar técnicas cibernéticas para estudiar algunas estructuras biológicas, como el ADN (particularmente los genes) y las secuencias en la configuración de las proteínas; lo que se pone en cuestión es la visión computacional explicativa de la totalidad de la actividad funcional y de su regulación en la vida de los organismos.

En el parágrafo anterior la información y la computación van de la mano, y no es clara la diferenciación de hardware, software, y mensajes computacionales. La responsabilidad de la información como centro de toda la coherencia funcional del organismo vivo, se hace más fácil de concebir si se adopta el significado de la información como *adquisición de conocimiento* de las cosas, en la que todo lo conocible se convierte en información, en la que no hay ninguna intencionalidad; simplemente está ahí, y sucede que el ser humano por obra del azar desarrolla una racionalidad y un interés en el conocimiento, y accede a esta 'información' para ser conocida. Esto ocurre con frecuencia en biología, frente a la riqueza que ofrecen las estructuras biológicas para el conocimiento humano. La concepción de un supercomputador al que se unen una multitud de computadores secundarios y otros aparatos de comunicación de señales y de circuitos, se acerca a la concepción materializada de información. Pero, si esta concepción de información, resulta más fácil de aplicar a los procesos biológicos, no genera una explicación satisfactoria de la unidad funcional del organismo, puesto que todo es información; y si es así, si todo es información, no queda otro remedio que clasificar esta totalidad de información, para poder distinguir la información que es meramente estructural, de la que constituye una orden o señal simple, y la que encierra un mensaje funcional codificado.

Es importante aclarar y enfatizar en este punto, que lo que se necesita explicar es la coherencia espacio-temporal de la unidad funcional de un organismo --y su finalidad--, en el curso de su vida en totalidad, lo que no solo implica su desarrollo, sino también, su capacidad de regulación y de adaptación a las circunstancias ambientales durante el curso de su existencia. Estos desafíos requieren una importante plasticidad del sistema funcional, con capacidad de corrección de errores, regulación de asas de retroalimentación positiva y negativa, amplificación de sensibilidad y de selección de respuestas para lograr sobrevivir en ambientes cambiantes y peligrosos. Esta coherencia y plasticidad funcional teleológica, solo pensada en términos bioquímicos (mecanicista), no cuenta con la capacidad de autoorganización para coordinarse a sí misma, y explicar la coherencia funcional y maleabilidad del complejo sistema del ser viviente, y deja ineludiblemente fuera de la ecuación, eso que todos conocemos y llamamos vida, por difícil que sea precisarla adecuadamente (lo que incluiría según los distintos seres vivos, la tendencia a la auto preservación y propagación, la sensibilidad, los instintos, la conciencia, la inclinación a lo espiritual, etc.).

El recurso al mundo de la computación –que trabaja con información--, para explicar esta unidad funcional, tropieza con innumerables escollos, no solamente prácticos, sino también teóricos, ya que un sistema de esta naturaleza, por integrado y completo que pudiera concebirse, necesita irremediablemente un operador que lo calibre, guie, establezca las reglas a seguir, y lo mantenga en operación constantemente frente a las vicisitudes de su existencia. Esto sería en buenas cuentas, un artefacto milagroso con un operador extraordinario y trascendente. La disyuntiva a esta situación es caer en la absurda credulidad de un materialismo disolvente que pretende explicarlo todo por el mero azar y unas leyes naturales de acción simple y miope. Ahora, si combinamos ambas dificultades, la ausencia de evidencia de funcionamiento tipo computacional en sentido estricto --a todo nivel del organismo--, a la necesidad de un operador de este monumental artefacto computacional, nos deja frente a una solución de tipo cibernética inviable para dar cuenta razonable de las operaciones y vida de un organismo.

Un último comentario acerca de la información en biología para subrayar la increíble fe y vaguedad con que, con cierta frecuencia se ha rodeado a este término de información; por ejemplo se le invoca a veces, para explicar ciertos fenómenos biológicos complejos difíciles de entender en forma mecanicista, atribuyéndolos a información, de algún modo existente en las estructuras biológicas. Desgraciadamente resulta muy difícil comprender exactamente, qué es lo que se significa por información, y sobre todo, en qué forma esa información está contenida en esas estructuras que conocemos en ciencia en forma bioquímica. Pareciera que esta manera de aludir a la información tiene raíces en lo que ya comentamos más arriba: en física, la información se ha constituido en lo constitutivo fundamental e irreducible de las cosas, y se intenta medir matemáticamente con lo que se espera comprender mejor la información contenida en los diversas objetos del mundo. No es necesario mencionar que este complicado panorama físico-teórico, aún no logra presentar un cuadro claro y evidente de sus investigaciones, y tampoco parece muy claro que esta manera de conceptualizar matemáticamente lo que se denomina información, aclara el sentido de este término, para entender –más allá de una cuantificación--, lo que se significa por información; en todo caso, está muy lejos de la información semántica o funcional.

Información e inteligencia en el funcionamiento de las cosas

Me parece importante distinguir el *significado de información,* de *los signos de acción inteligente que se perciben en las cosas.* Por ejemplo, en un artefacto como un automóvil, podemos detectar, observando, analizando e infiriendo que se ha construido inteligentemente, combinando y coordinando la acción de numerosas piezas para conseguir un fin particular (teleología), pero esto no significa que sea en rigor una fuente de información o que sea información en sí. El detectar configuraciones inteligentes, es adquirir un conocimiento; ahora, todo conocimiento se puede compartir en forma de información semántica, y también se puede utilizar para operar artefactos robóticos, mediante información funcional. Hacer una equivalencia entre estos dos conceptos significa hacer sinónimo la adquisición de conocimientos con la información, lo que genera una confusión conceptual, aunque sea usual hacerlo en nuestra cultura actual. Se trata de fenómenos diferentes, y esto se puede ilustrar del siguiente modo: ganamos conocimiento leyendo un libro, escuchando una conferencia, conversando o, mirando la TV, porque portan información semántica emanada de una fuente inteligente. También se gana conocimiento, observando e investigando directamente las cosas, y muy importantemente, se adquiere un vasto e importante conocimiento, simplemente viviendo; en esta adquisición de conocimiento no tenemos mensajes semánticos de ningún tipo, solo la realidad de lo vivido y de lo que las cosas presentan.

Tesis del Diseño Inteligente

Con lo que respecta a la *TDI*, o sea a una *acción inteligente – inteligencia--*, envuelta en la organización de estructuras biológicas fundamentales, tampoco está en condiciones de resolver la cuestión primaria que estamos considerando: regulación y dirección del aparato bioquímico que soporta la vida de los organismos. La propuesta de la TDI se reduce a detectar la presencia de una acción inteligente en la configuración de las estructuras biológicas funcionales estudiadas por la ciencia, pero, no una agencia inteligente operando y dirigiendo el organismo; y tampoco echa mano a conceptos metafísicos para resolver los problemas esenciales que enfrenta la biología. La teleología a la que se refiere el DI es funcional empírica, no una teleología de carácter metafísico. Sin embargo, esta propuesta de la TDI constituye sin duda, un valioso avance para la ciencia, básicamente rompe el monopolio explicativo de las leyes conocidas de la física, al incorporar la causa, la acción inteligente para explicar estructuras biológicas. Esta expansión epistemológica, representa un paso decisivo en una dirección de mayor amplitud y apertura, muy necesario para acercarse a la profundidad y misterio que impregna la vida, pero no puede resolverlo al nivel que trabaja. Pretender que la TDI resuelve el problema que plantea el problema de la vida, es una extrapolación injustificada.

Concepción metafísica

Desde el punto de vista del aristotelismo-tomista, la 'información' que se considera a menudo en biología como básica para el entendimiento de la regulación coherente del sistema bioquímico, en la metafísica A-T, se consideraría intrínseca, esta se encontraría en los objetos naturales y sus partes; no es algo que se agrega desde el exterior a un objeto carente de los atributos metafísicos esenciales. La 'información' estaría depositada en la *forma substancial*, -- información corporizada--, puesto que es ella la que dirige las actividades y metas de la vida de los organismos en su totalidad, y de sus partes individuales. En última instancia la 'información' proviene de Dios como autor del mundo creado, y particularmente de la *forma*, que constituye la forma substancial de todos los objetos naturales. De este modo la *forma* –principio metafísico--, está conectada con la divinidad, lo que obviamente le da una capacidad explicativa extraordinaria, y la convierte en una fuente inagotable de recursos. Pero esta tesis está sujeta a la aceptación de diversos supuestos que no resultan aceptables a muchos de sus críticos, y que no son considerados en la epistemología de la ciencia moderna, y contemporánea.

Es interesante mencionar que ha habido en la historia de la metafísica medieval, opiniones divergentes con respecto al número de formas substanciales separadas que constituyen un organismo vivo. La tesis que ha prevalecido (Santo Tomás de Aquino) sostiene que un ser viviente posee solo una forma substancial. Pero como un organismo está constituido por numerosas piezas y elementos, como por ejemplo: un animal está formado de, sangre, huesos, vísceras, etc., y estos a su vez, están constituidos por otros elementos, se postula que cada elemento tiene su forma substancial propia. Como todas estas piezas y elementos están imbricados y organizados para constituir la totalidad del organismo, se propone que solo una forma substancial asimila y engloba, las formas substanciales de las piezas y de los elementos que conforman el organismo, para darle a ese ser, unidad y expresión. Se trata de una visión metafísica holística, orgánica de los seres vivos, en la que no se conciben los elementos constitutivos como separados, sino como unidades con forma substancial, que se van englobando con la complejidad del organismo; pero sin perder sus propiedades inherentes, estas se van subsumiendo en formas substanciales superiores que las dirigen. Este es un tema complejo, que se menciona aquí para mostrar la diferencia con la visión naturalista de los seres vivos, que los concibe formados por piezas separadas que se imbrican en una compleja interacción (apoyada por el azar); y también para ilustrar la maleabilidad y dificultades que implica el concepto de *forma*. (Torley V., January, 2013).)

A manera de conclusión

El problema de la regulación, dirección y mantenimiento de la armazón bioquímica de los organismos, básico para la realización de la vida, no ha sido solucionado por la ciencia. Este contratiempo es fácil de entender, puesto que esa 'agencia de control' –por llamarla de algún modo--, implicaría una inteligencia consciente capaz de regularizar las complejísimas operaciones bioquímicas, y esto no es asunto que estudie la ciencia, limitada a la 'materia' medible y a las leyes naturales; toda solución que emerja de la ella, estará restringida por estas condiciones metodológicas. La TDI incorpora la inteligencia en la estructuración bioquímica teleológica, pero no ofrece una agencia que esté a cargo de la regulación del funcionamiento del organismo.

Ya vimos que el recurso a la cibernética no aporta solución a este problema que nos preocupa; los esfuerzos realizados desde la cibernética son loables y ayudan a entender mejor la actividad interrelacionada de las funciones orgánicas, pero son incapaces de responder a la pregunta central que tratamos. Tampoco es de utilidad la propuesta de un segundo sistema de carácter computacional que regule y dirija la organización computacional bioquímica del organismo, los problemas continúan y las dificultades se multiplican. La ciencia y la tecnología, no pueden escapar de sus limitaciones naturalistas, todas sus explicaciones por complejas y jerarquizadas que se conciban, repiten su insuficiencia constitutiva, esto es, una perspectiva limitada irremediablemente a la materia y a su dinámica; esta constricción metodológica satisface a los partidarios de la ideología materialista, pero limita fatalmente la posibilidad de la ciencia en estudiar los fenómenos biológicos con más amplitud. En lo que se refiere a la información propiamente tal –si se puede separar de la computación en este caso de la biología--, no parece tampoco, ofrecer una solución viable en este momento.

Los esfuerzos en la comprensión de la vida en su más profundo sentido tendrá que ineludiblemente considerar los conocimientos de la ciencia, y para que esto sea posible, la ciencia deberá superar el estancamiento naturalista que la encierra, y le impide estudiar y comprender numerosos fenómenos naturales, más allá de las posibilidades que ofrece el poder causal derivado de las fuerzas y leyes naturales conocidas. La TDI aporta una nueva perspectiva, que suplementa el mecanicismo tradicional de la ciencia, pero, aun así, la ciencia no es suficiente para abordar la cuestión fundamental de la vida.

De manera que la metafísica A-T aparece como la explicación mejor dotada para resolver, no solo el problema de la unidad y regulación del funcionamiento orgánico, sino que también nos ayuda con la enigmática vida, que todos percibimos en los seres animados, y que vivimos, pero que elude definición. Nuevamente la idea de *forma* viene al recate, al ser concebida como el *alma* de los seres animados, el *principio de vida* que los hace ser lo que son, seres vivos. Su conexión con Dios le permite a este principio metafísico –*forma*--, vitalizar a los seres animados. Pero como ya hemos visto, la metafísica A-T es una concepción de carácter filosófico-teológico, con sus supuestos y metodología que puede satisfacer, tal vez a muchos, pero no a todos; este es un campo del conocimiento en el que los supuestos y las creencias son parte inevitable en su sustento.

La tesis aristotélica-tomista (A-T) de teleología, y el diseño inteligente (TDI), constituyen dos acercamientos distintos a la comprensión de los seres vivos, siendo la TDI una perspectiva más limitada y estrecha que la metafísica A-T que intenta explicar la totalidad del ser de los organismos vivientes. La TDI naturalmente no es comparable a la metafísica A-T por estas limitaciones –simplemente no es una tesis metafísica, ni pretende, ni intenta serlo--, pero comparte con ella la afirmación de la presencia de inteligencia en las estructuras de 'orden teleológico' en biología. Esta correspondencia las vuelve potencialmente compatibles (no equivalentes), si se eliminan las distorsiones con que la muchos intelectuales del neotomismo han visualizado la TDI, muchas veces debidas a equívocas afirmaciones o elaboraciones personales de tipo metafísico de algunos de sus proponentes, y también, a rigideces de algunos autores de la corriente aristotélico-tomista, que olvidan la situación constreñida de la ciencia, en la cual la TDI está instalada.

Acerca de la incompatibilidad de la doctrina neotomista y la TDI, es ilustrativo un comentario A. Barnés (2015) que ya revisamos en un apartado anterior. Básicamente este autor concluye que los razonamientos relativos a la teología en la tesis de Aquino para la V Vía, y los de la TDI para demostrar la existencia de un diseñador, son simplemente opuestos --incompatibles. Pero como ya he mencionado varias veces en este trabajo, la TDI no es, ni intenta ser una prueba de la existencia de Dios. Lo que me interesa subrayar, es que este autor, acepta que la ciencia es capaz de detectar "orden" con "direccionalidad", en otras palabras, parece aceptar que los estudios científicos pueden mostrar orden teológico (no teología en términos tradicionales), y de este modo se abre una puerta para el posible reconocimiento de que las estructuras biológicas funcionales presentan configuración inteligente. Si esta apertura se hace una necesidad y una realidad para la metafísica tradicional, desaparecería su incompatibilidad frente a la TDI, y se reemplazaría tal vez, por una correspondencia o complementariedad. Lo que parece seguro es que la metafísica A-T enfrenta una situación complicada que debe resolver, la ciencia avanza y cambia, se abren nuevas fronteras y nuevas perspectivas para la investigación científica; la TDI se va progresivamente imponiendo por las evidencias.

Se puede afirmar que la TDI es potencialmente compatible con una metafísica que acepte y elabore en su tesis, la presencia de una acción inteligente en la génesis y en el entendimiento del orden teológico que se estudia en biología, y no adopte una actitud antagónica de incompatibilidad con los hallazgos científicos.

BIBLIOGRAFÍA

Barbés, Alberto (Septiembre 2015). El argumento de diseño y la quinta vía de Santo Tomás. En: Scienta et Fides. 3 (2)/2015.
http://apcz.pl/czasopisma/index.php/SetF/article/view/SetF.2015.017

Johnson, Don (April 8, 2010). Bioinformatics: The Information in Life. Conferencia en la University of North Carolina Wilmington; chapter for Association for Computer Machinery.
http://vimeo.com/11314902/ (Accedido: Marzo del 2016)
http://scienceintegrity.net/ (Accedido: Marzo del 2016)

Johnson, Don (November 13, 2011). How Information refute naturalism. Part 1; Dr. Werner Gitt PhD
https://www.youtube.com/watch?v=lpSoGVFra0w

Koshland Jr. Daniel (2002). The seven pillars of life. Science, March 2002; Vol. 295, n 5563; pp. 2215-2216.
http://home.thep.lu.se/~henrik/mnxa09/Koshland2002.pdf (Accedido en Abril del 2016)

Maynard Smith, John (2000). The Concept of Information in Biology. Chicago Jurnals. Philosophy of Science, Vol 67, No. 2 June, 2000.
http://www.jstor.org/stable/188717?seq=1#page_scan_tab_contents (Accedido en Marzo del 2016)

Ruiz, Fernando R. (2016). Reflexiones sobre las vicisitudes de la información. OIACDI.

Torley Vincent J (Aril 30, 2010). Programs, cells and letting God be God (A concluding reply to the Smithy. En: uncommon descent.com/
http://www.uncommondescent.com/intelligent-design/programs-cells-and-letting-god-be-god-a-concluding-reply-to-the-smithy/ (Accedido en Marzo del 2016)

Torley Vincent J (January 5, 2013). Building a bridge between Scholastic philosophy and Intelligent Design.
http://www.uncommondescent.com/intelligent-design/building-a-bridge-between-scholastic-philosophy-and-intelligent-design/ (Accedido en Abril del 2016)

www.ingramcontent.com/pod-product-compliance
Lightning Source LLC
Chambersburg PA
CBHW070932210326
41520CB00021B/6907